Civil Aviation Safety Management Guide

民航安全管理指南

孙佳 等◎编著

中国工人出版社

内容简介

本书针对民航业界专兼职安全管理人员最关心的问题，采用一问一答的方式向读者介绍航空安全管理的相关知识。书中所搜集的问题都是行业安全管理过程中最关心、最常见、最具代表性的问题。本书对现代航空安全管理理论、航空安全的法规体系、人的因素管理、民航安全管理体系、安全信息管理、航空安保、民航综合应急管理和安全文化等内容均做了详尽的解说。第一章由张向晖编写、第二章由于航编写、第三章由姜兰编写、第四章由唐历华编写、第五章由杨志东编写、第六章由吴倩编写、第七章由熊康昊编写、第八章由白福利编写；全书由孙佳统稿、校对。本书内容精炼，通俗易懂，内容全面丰富，形式生动活泼，适合初级及中层安全管理人员阅读。

目录

第一章

民航法规体系和安全监管框架

一、什么是航空法？现代航空法是如何起源发展的？

航空法是20世纪初的产物，它随着人类征服空气空间，凭借飞行工具遨游蓝天而产生。随着航空科学技术的进步，人类更加广泛地利用航空。关于航空法如何定义，从航空法的名称出现开始就引起了航空法学者的关注和讨论。以下是一些外国学者对航空法的不同观点："管理空域及其利用规则的总和""调整因利用空气而产生的各种法律关系的规则的总和""确定和研究用以调整航空器运行和使用及其产生的各种关系的法律和规则的法律分支""航空法是关于航空器、空中航行、商业航空运输以及国内和国际空中航行的全部公法和私法关系的国内规则和国际规则的总和"。现在，航空法通常表述为关于航空器运行以及民用航空活动的法律规则的总和。

航空法的历史发展表明它随着人类征服空气空间，出现"航空"现象之后而产生，并随着航空技术的进步和广泛应用而发展。1939年，第二次世界大战爆发，战争刺激了航空技术和航空制造业的飞跃发展。战后和平时期针对如何组织和发展民用航空，如何解决由于国际客货运输网络带来的一系列技术、经济及政治上的问题，1944年12月1日至7日，受美国政府的邀请，包括中国在内的52个国家参加了在芝加哥举行的国际民用航空会议（又称芝加哥会议）。

芝加哥会议期间签订了《国际民用航空临时协定》《国际民用航空公约》《国际航班过境协定》《国际航空运输协定》和《国际民用航空会议最后决议书》五个文件，为现代航空法奠定了基础。

二、目前国际航空法的现行条约有哪些？

目前，国际航空法的现行条约主要有以下几项：

1.《国际民用航空公约》

《国际民用航空公约》，简称1944年《芝加哥公约》，于1944年12月7日在美国芝加哥签订，自1947年4月4日起生效。《国际民用航空公约》对空中规则与航行规章的适用、国际标准及程序的采用、背离国际标准和程序、标准与建议措施应涵盖的内容、航空器的性质与国籍、机场和航行设施的提供以及人员执照等关系国际航行的事项制定了原则，是国际航空法最基本的公约。

2.《国际航班过境协定》

《国际航班过境协定》，国际上通称《两种自由协定》，于1944年12月7日在芝加哥签订，自1945年1月30日起生效。该《协定》规定缔约国之间相互给予对方国际定期航班第一种飞行自由（不降停的过境权）和第二种飞行自由（非商业性的经停权）。

3.《国际航空运输协定》

《国际航空运输协定》，国际上通称《五种自由协定》，于1944年12月7日在芝加哥签订，自1945年2月3日起生效。该《协定》规定，缔约国之间相互给予对方国际定期航班第一种至第五种自由权利，其作用在于对五种自由，即国际航空运输的业务权作出了明确的定义。

4.《统一国际航空运输某些规则的公约》

《统一国际航空运输某些规则的公约》（简称华沙公约，1929年签订）、《海牙议定书》（1955年签订）等八个文件构成华沙体制。随着世界航空业的发展，华沙体制中的一些规定已不能适应现代国际航空运输的需要。1999年5月28日在蒙特利尔签订了《统一国际航空运输某些规则的公约》（1999年《蒙特利尔公约》），代替原华沙体制的各项公约。

5. 关于国际民用航空安全保卫的条约

至今已签订了下列五个法律文件：

《关于在航空器内犯罪和某些其他行为的公约》，简称1963年《东京公约》，于1963年9月14日在东京签订，自1969年12月4日起生效。

《关于制止非法劫持航空器的公约》，简称1970年《海牙公约》，国际上通称《反劫持公约》，于1970年12月16日在海牙签订，自1971年10月14日起生效。《海牙公约》规定：凡在飞行中的航空器内用暴力或用暴力威胁，或者用任何其他胁迫方式非法劫持或控制航空器或此类未遂行为，或者是实施此类行为或此类未遂行为的共犯，即构成刑事犯罪，各缔约国承允以严厉刑罚惩治犯罪。

《关于制止危害民用航空安全的非法行为的公约》，简称1971年《蒙特利尔公约》，国际上通称《反破坏条约》，于1971年9月23日在蒙特利尔签订，自1973年1月26日起生效。《蒙特利尔公约》把使用范围从空中的劫持航空器的犯罪，扩展到地面破坏航空器和航行设施的犯罪，明确规定了五种行为和此类未遂行为及其共犯都是犯罪，各缔约国都应严厉惩罚。

《制止在用于国际民用航空的机场的非法暴力行为以补充1971年9月23日订于蒙特利尔的制止危害民用航空安全的非法行为的公约的议定书》，简称1988年《蒙特利尔补充议定书》，于1988年2月24日在蒙特利尔签订，自1989年8月6日起生效。《议定书》补充规定了任何人用一种装置、物质或武器，在用于国际民用各航空的机场内对人实施暴力行为，造成或足以造成重伤或死亡的，或者破坏或严重损坏用于国际民用航空的机场的设备或停在机场未在使用中的航空器，或者中断机场服务以及危及或足以危及该机场的安全，以及上述未遂行为及其共犯，都是犯罪。

《关于注标塑性炸药以便探测的公约》，简称1991年《蒙特利尔公约》，于1991年3月1日在蒙特利尔签订，自1998年6月21日起生效。鉴于塑性炸药难以被探测，故恐怖分子利用塑性炸药进行恐怖活动，危及民用航空以及人员生命、财产的安全。因此，要求生产塑性炸药时添加一种可跟踪的元素，使之成为“注标塑性炸药”，以便探测。该《公约》就有关事项作了规定。

三、国际性的民航组织有哪些？其主要职责是什么？

为了促进国际民航安全、有序地发展，在全球设立有政府间、区域性政府间以及非政府间（民间）等不同性质的民航组织，包括国际民用航空组织

（ICAO）、欧洲民航会议（ECAC）、非洲民航委员会（AFCAC）、拉丁美洲民航委员会（LACAC）、国际航空运输协会（IATA）、国际机场理事会（ACI）、飞行员协会国际联合会（IFALPA）、管制员协会国际联合会（IFATCA）、国际民用航空导航服务组织（CANSO）、国际航空电信协会（SITA）等。下面主要介绍国际民用航空组织、国际航空运输协会和国际机场理事会三个国际性的民航组织。

1. 国际民用航空组织（ICAO）

国际民用航空组织，简称国际民航组织（International Civil Aviation Organization，ICAO），成立于1947年，是联合国国际组织中负责处理国际民航事务的专门机构。总部设在加拿大蒙特利尔，迄今为止已有191个成员国。其主要活动是研究国际民用航空的问题，制定民用航空的国际标准和规章，鼓励使用安全措施、统一业务规章和简化国际边界手续。

1947年4月4日，《芝加哥公约》正式生效，国际民航组织也同时正式成立。国际民航组织是政府间的国际组织，是联合国的专门机构之一。国际民航组织由大会、理事会和秘书处三级框架组成。大会是国际民航组织的最高权力机构，由全体成员国组成。理事会是向大会负责的常设机构，由大会选出的36个缔约国组成。秘书处是国际民航组织的常设行政机构，由秘书长负责保证国际民航组织各项工作的顺利进行。

国际民航组织的宗旨和目的在于发展国际航行的原则和技术，促进国际航空运输的规划和发展。国际民航组织按照《芝加哥公约》的授权，发展国际航行的原则和技术。近几十年来，国际民航组织的工作重点集中在法规的制定和修订、有关航行的国家技术标准和建议措施的制定和更新、安全监察、防止非法干扰、实施新航行系统、航空运输服务管理制度、统计、技术合作和培训等方面。

2. 国际航空运输协会（IATA）

国际航空运输协会（International Air Transport Association ，IATA）是由各国航空公司于1945年成立的世界范围的非政府组织，其前身是国际航空业务协会。

国际航空运输协会的宗旨和目的是：为维护世界人民的利益，促进安全、准时和经济的航空运输的发展，扶持航空商业并研究与之相关的问题；为直接或间接从事国际航空运输服务的各航空运输企业提供协作的途径；为开展与国际民航组织、其他国际组织和地区航空公司协会的合作提供便利。

根据《1978年国际航空运输特别大会决定》，国际航空运输协会的活动主要分为两大类：行业协会活动和运价协调活动。1988年又增加了行业服务，主要工作涉及运价协调、运输服务、代理人事务、法律和技术等几个方面。

3. 国际机场理事会（ACI）

国际机场理事会（Airports Association Council International，ACI），原名为国际机场联合协会，于1991年1月成立，1993年1月1日改称国际机场理事会。国际机场理事会是全世界所有机场的行业协会，其宗旨是加强各成员与全世界民航业各个组织和机构的合作，包括政府部门、航空公司和飞机制造商等，并通过这种合作，促进建立一个安全、有效、与环境和谐的航空运输体系。

国际机场理事会的发展目标为：保持和发展世界各地民用机场之间的合作，相互帮助；制定加强民航业各方面合作的政策，形成一个安全、稳定、与自然环境相适应的高效的航空运输体系，推动旅游业和货运业乃至各国和世界经济的发展；在信息系统、通信、基础设施、环保、金融、市场、公共关系、经营和维修等领域内交流有关提高机场管理水平的信息；向国际机场理事会的各地区机构提供援助，协助其实现上述目标。

四、国际民用航空组织（ICAO）制定了哪些技术规范？

自国际民用航空组织成立以来制定了一系列有关国际航行的规范，如《国际民用航空公约》、附件、航行服务程序、地区补充程序、航行规划、技术手册和通告等。

1. 公约

《国际民用航空公约》，又称《芝加哥公约》，是指导国际航行的最高法律文件，它承认每一国家对其领土之上的空气空间具有完全的和排他的主权原则，并对空中规则与航行规章的适用、国际标准及程序的采用、背离国际标准和程序、标准与建议措施应涵盖的内容、航空器的性质与国籍、机场和航行设施的提供以及人员执照等关系国际航行的事项制定了原则。

2. 附件

《国际民用航空公约》附件是实施公约所述原则的具体规定，是指导国际航行的基本文件。附件涵盖航空器运行、航空器国籍、航空器适航、人员执照、飞行规则、空中交通服务、搜寻与援救、航空电信、气象服务、计量单位、航行情报服务、航图、航空器事故与事故征候调查、机场、环境保护、防止非法干扰、危险品运输、简化手续以及安全管理等诸多领域。

附件包括两大内容，一是标准，二是建议措施。所谓“标准”，是指有关物理特征、结构、材料、性能、人员或程序的规范对国际航行的安全与正常是必需的，各缔约国应按照公约的规定予以遵守；如不能遵照执行时，应按照公约第三十八条的规定通知理事会。“建议措施”是指有关物理特征、结构、材料、性能、人员或程序的规范对国际航行的安全与正常是有利的，各缔约国应力求按公约的规定予以遵守，详见表 1。

表 1 《国际民用航空公约》附件

编号	名称	编号	名称
1	《人员执照的颁发》	11	《空中交通服务》
2	《空中规则》	12	《搜寻与救援》
3	《国际航空气象服务》	13	《航空器事故与事故征候调查》
4	《航图》	14	《机场》
5	《空地运行中的计量单位》	15	《航行情报服务》
6	《航空器的运行》	16	《环境保护》
7	《航空器国籍和登记标志》	17	《防止对国际民用航空进行非法干扰》
8	《航空器的适航性》	18	《危险品的安全航空运输》
9	《简化手续》	19	《安全管理》
10	《航空电信》		

3. 航行服务程序

航行服务程序是附件的补充文件，内含配合标准与建议措施实施的具体操作程序，是对附件具体规定的细化。就其性质而言，航行服务程序中的规定尚不成熟，还未达到可定为标准与建议措施的程度，而且由于规定过于具体，也不宜纳入附件。

4. 地区补充程序

地区补充程序是为了满足各地区的不同需要而制定的对航行服务程序的补充规定，内容涵盖空中规则和空中交通服务、搜寻与援救、航空电信及气象服务等技术领域，如飞行计划的申报、空中交通服务的协调、航空器的间隔标准、地空通信的程序、通信失效的程序、气象报告的要求以及对航空器机载设备的要求等。

5. 航行规划

航行规划又称地区航行规划，是为了满足地区及与其相关地区目前及未来运行需求而制定的业务规划。航行规划包括具体的设施与服务内容以及国际航行所需的程序，如缔约国对外开放机场的等级、物理特性、助航及灯光设备、可供使用和计划开辟的空中交通服务航路、飞行情报区和搜寻援救区的划分、空中交通服务、通信导航雷达、气象保障以及航行情报服务的设施等。该地区有关缔约国应根据航行规划的总体要求，建立并完善相应的设施与服务。

为加快新航行系统的实施，缩短航行计划修订的周期，国际民航组织理事会于 1997 年 2 月 28 日决定将原航行规划一分为二，一个是基础性文件，仍称为航行规划，包括规划标准、情报区、搜寻援救区和空中交通服务航路等相对稳定的内容；另一个是需随时更新的动态文件，称为设施与服务实施文件（FASID），包括具体航行设施与服务等需要经常修订的内容。

6. 技术手册

技术手册是帮助缔约国实施标准与建议措施的指导性文件，内含多个技术领域更为详细的技术规范。例如，《安全管理手册》（ICAO Doc 9859）就是帮助缔约国实施附件 19——《安全管理》的指导性文件。

7. 通告

通告系国际民航组织发给缔约国参考的特殊信息，如技术课题的研究结果，有关国家非正式文件的再版或摘录、标准与建议措施实施情况的报告以及航空器的事故摘要等。

五、中国民航法规体系是如何建设发展的？

自新中国成立以来，民航法规体系逐步完善，特别是自改革开放以来，民航法规体系建设得到了长足的发展。

改革开放前，受限于国民经济整体落后的现实情况，民用航空基础薄弱，发展缓慢，国家出台的法律法规极少。1980 年国务院、中央军委发布了《关于民航管理体制若干问题的决定》，规定自 1980 年 3 月 15 日起，民航总局不再由空军代管，而是归属国务院；民航总局是国家民航事业的行政机构，统一管理全国民航的机构、人员和业务，逐步实现企业化的管理。这就是民航史上著名的“军转民”，为民航的发展奠定了坚实的基础。民航的法规体系也开始逐渐发展完善，在随后的几年内出台了一系列有关安全的行政法规。

从 1987 年开始，民航总局按照政企分开、航空公司与机场分设的原则，在原民航成都管理局进行了以管理局、航空公司、机场三者分立为主要内容的改革试点。管理体制上的转变要求相应的法律法规配套跟进。20 世纪 80 年代末 90 年代初，民航加强了对适航标准的规范，如《中华人民共和国民用航空器适航管理条例》等，对规范航空公司、机场的运营起到了重要作用。

进入 20 世纪 90 年代以来，民航法规开始走向系统化，1996 年 3 月 1 日颁布实施《中华人民共和国民用航空法》。作为民航业的基本法，《中华人民共和国民用航空法》为维护国家的领空主权和民用航空权利，保障民用航空活动安全和有秩序地进行，保护民用航空活动当事人各方的合法权益，促进民用航空事业的发展，提供了重要的依据。

此后，体系建设蓬勃发展，一方面通过规范计量标准，进一步提高飞行安全；另一方面不断鼓励科技创新，加速民航信息化建设。此外，随着环境的变化，民航总局1997年1月出台了《关于修订和废止部分民用航空规章的决定》，对部分不适应民航发展的规章条款予以修订或废除，使民航法规体系与时俱进，为民航的发展保驾护航。进入21世纪以来，民航规章无论从数量上，还是涉及范围，都相对之前有了较大发展。其中，仅2005年一年颁布施行的民航规章就相当于20世纪90年代10年间的80%。内容涉及方方面面，从飞行安全管理到服务质量监督，从政府行业管理到企业依法经营，从保证企业合法权益到维护旅客货主利益，把这些关系都纳入法制的轨道，逐渐建立起一套完整的民航法规体系，用法律法规引导、推进和保障民航的改革和发展。

纵观民航法规体系发展，民航法规体系始终坚持以保障安全为中心。民航法规体系建设过程中，将安全保障的法律法规作为体系建设的中心，无论是哪个效力等级的规范性文件，就其数量和内容而言，安全管理内容都始终占主要地位。

六、目前中国民航法规体系包括哪些方面？

目前，我国民航已形成了包括法律、行政法规、规章和规范性文件的法律法规体系，如图1所示。

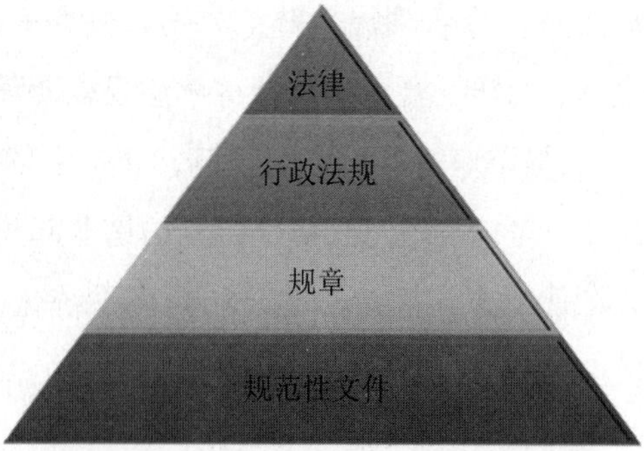

图1 中国民航法规体系框架

1. 法律

《中华人民共和国民用航空法》于1996年3月1日起施行，是民航业的基本法，为下位法的立法活动提供了依据。《中华人民共和国民用航空法》对民用航空器国籍、民用航空器权利、民用航空器适航管理、航空人员、民用机场、空中航行、公共航空运输企业、公共航空运输、通用航空、搜寻援救和事故调查，对地面第三人损害的赔偿责任，对外国民用航空器的特别规定、涉外关系的法律适用、法律责任等民航涉及的各方面问题都作了规定。

为了解决近年来民航法实施中的问题和适应行业发展新变化，民航局对《中华人民共和国民用航空法》不断进行修订，目前已形成民航法修订征求意见稿。此次修订以现有框架为基础，主要围绕完善民航业发展机制、加强航空安全管理、放松经济性管制、保护消费者权益、促进通用航空发展、运输凭证现代化、修改运输责任制度等方面进行的修订和调整。

2. 行政法规

行政法规是国家行政机关制定的规范性文件的总称。广义的行政法规指国家权力机关根据宪法制定的关于国家行政管理的各种法律、法规；狭义的行政法规指最高国家行政机关即国务院制定的规范性文件。行政法规在民航法规体系中具有承上启下的重要作用，上承《民用航空法》，根据法律原则确定相应的制度或细化法律确定的制度；下启民航规章，为规章的制定提供更明确的依据。

现行的民航行政法规主要有《中华人民共和国飞行基本规则》《民用机场管理条例》《中华人民共和国民用航空安全保卫条例》《通用航空飞行管制条例》《中华人民共和国搜寻援救民用航空器规定》等。

3. 规章

规章是实施行业管理和监管的规范性文件，从行政程序规则、航空器、航空人员、空中交通规则与一般规则、导航设备以及民航企业合格审定等方面对民航运行及安全进行了规定。截至 2016 年 5 月 1 日，现行有效的民航部门规章共 122 部。

4. 规范性文件

规范性文件是指中国民用航空局机关各职能部门为了落实法律、法规、民航局规章和政策的有关规定，在其职责范围内制定且经民航局局长授权，由相关职能部门主任、司长、局长签署的有关民用航空管理方面的文件。规范性文件包括管理程序、咨询通告、管理文件、工作手册和信息通告五类。截至 2016 年 5 月 1 日，现行有效的与规章配套的规范性文件共 740 部。

管理程序（Aviation Procedure，AP），是各职能部门下发的有关民用航空规章的实施办法或具体管理程序，是民航行政机关工作人员从事管理工作和法人、其他经济组织或者个人从事民用航空活动应当遵守的行为规则。例如，《飞行签派员执照管理程序（AP-65-FS-2008-01）》《CCAR-91 部运行合格审定程序（AP-91-FS-2015-01）》《鸟击航空器事件的判定标准和报告程序（AP-140-CA-2015-01）》。

咨询通告（Advisory Circular，AC），是各职能部门下发的对民用航空规章条文所作的具体阐述。例如，《机场安全管理体系建设指南（AC-139/140-CA-2013-2）》《关于航空运营人安全管理体系的要求（AC-121/135-FS-2008-26）》《民用航空器运输航空严重事故征候样例（AC-396-AS-2016-07）》。

管理文件（Management Document，MD），是各职能部门下发的就民用航空管理工作的重要事项作出的通知、决定或政策说明。例如，《民用航空器事故和事故征候调查程序（MD-AS-2011-01）》《民用运输机场应急救护工作规范（试行）（MD-FS-2008-06）》《民航空中交通管理安全管理体系（SMS）建设指导手册（第三版）（MD-TM-2011-001）》。

工作手册（Working Manual，WM），是各职能部门下发的规范和指导民航行政机关工作人员具体行为的文件。例如，《民航空管行政检查大纲（WM-TM-2011-001）》《大型飞机公共航空运输承运人停机坪检查单和工作指南（运行）（WM-FS-2016-004）》《民航行政执法检查记录单格式（WM-LR-2015-01）》。

信息通告（Information Bulletin，IB），是各职能部门下发的反映民用航空活动中出现的新情况以及国内外有关民航技术上存在的问题进行通报的文件。例如，《广播式自动相关监视（ADS-B）在飞行运行中的应用（IB-FS-2008-002）》《国外民航飞行冲突不安全事件信息通告（2008-2011）（IB-TM-2015-001）》《国外跑道安全事件信息通告（IB-TM-2014-002）》。

七、中国民航规章体系包括哪些方面？

中国民航规章（China Civil Aviation Regulations，CCAR）是航空企业合法、合规运行的依据，也是行业监管的主要依据，现行有效的民航规章共122部，涉及行政规则、航空器、航空人员、空中交通管理、飞行规则、运行合格审定、委任代表、运输规则、机场、事故调查与安全信息、安全保卫、应急管理等方面，具体如图2所示。

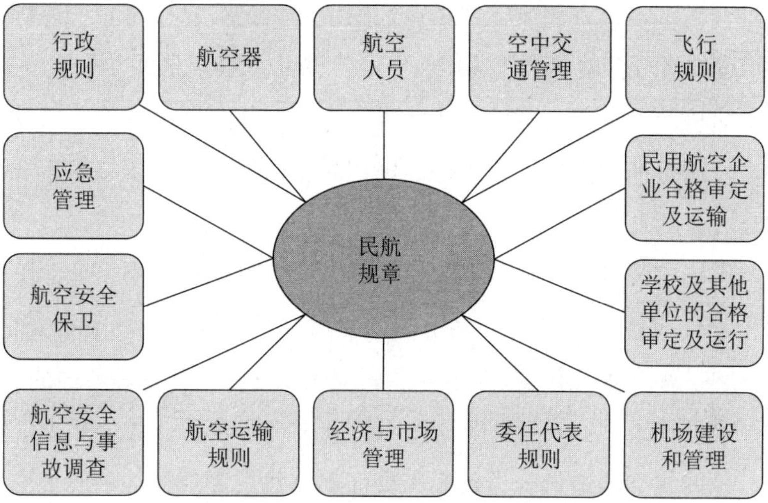

图2　中国民航规章体系

（1）行政规则：主要涉及民用航空行政检查工作规则、民用航空行政处罚实施办法、民用航空行政许可工作规则、中国民用航空监察员规定等方面的规章。

（2）航空器：主要涉及民用航空产品和零部件合格审定、运输类飞机适航标准、运输类旋翼航空器适航规定、航空发动机适航标准、民用航空器适航指令规定、维修和改装一般规则、民用航空器国籍登记规定等航空器适航审定方面的规章。

（3）航空人员：主要涉及民用航空飞行签派员执照管理、民用航空器维修人员执照管理、民用航空电信人员执照管理、民用航空空中交通管制员执照管理、民用航空情报员执照管理等航空人员资质管理方面的规章。

（4）空中交通管理：主要涉及民用航空使用空域办法、民用航空空中交通管理运行单位安全管理、民用航空导航设备开放与运行管理、民用航空空中交通通信导航监视设备使用许可管理、民用航空情报工作规则、中国民用航空空中交通管理等空管运行管理方面的规章。

（5）一般运行规则：主要涉及一般运行和飞行规则、中国民用航空仪表着陆系统Ⅱ类运行、航空器机场运行最低标准的制定与实施等方面的规章。

（6）民用航空企业合格审定及运输：主要涉及大型飞机公共航空运输承运人运行合格审定、小型航空器商业运输运营人运行合格审定、外国公共航空运输承运人运行合格审定、通用航空经营许可管理等方面的规章。

（7）学校及其他单位的合格审定及运行：主要涉及民用航空驾驶员学校合格审定、飞行训练中心合格审定、民用航空器维修单位合格审定、民用航空器维修培训机构合格审定等航空器运行保障单位的相关管理规章。

（8）机场建设和管理：主要涉及民用机场专用设备使用管理、民用运输机场突发事件应急救援管理、民用机场使用许可、民用机场运行安全管理、民用机场航空器活动区道路交通安全管理等机场建设运行管理方面的规章。

（9）委任代表规则：主要涉及民用航空飞行标准委任代表和委任单位代表管理、民用航空器适航委任代表和委任单位代表等委任代表的资格和持续监督管理的相关规章。

（10）航空运输规则：主要涉及中国民用航空旅客行李国内运输、中国民用航空危险品运输管理、中国民用航空货物国内运输等运输规则方面的规章。

（11）航空安全信息与事故调查：主要涉及民用航空器事故和飞行事故征候调查、民用航空安全信息管理、民用航空器飞行事故应急反应和家属援助等方面的规章。

（12）航空安全保卫：主要涉及公共航空旅客运输飞行中安全保卫、公共航空运输企业航空安全保卫、民用航空运输机场航空安全保卫、中国民用航空安全检查等安保方面的规章。

（13）应急管理：主要涉及中国民用航空应急管理等行业综合应急管理方

面的规章。

（14）经济与市场管理：主要涉及民航运输、通用航空及其市场管理、危险品航空运输管理、运输服务质量管理、民航消费者权益保护等方面的规章。

八、航空人员管理的相关规章主要包括哪些？

根据《中华人民共和国民用航空法》，航空人员是指从事民用航空活动的空勤人员和地面人员。空勤人员包括驾驶员、领航员、飞行机械人员、飞行通信员、乘务员；地面人员包括民用航空器维修人员、空中交通管制员、飞行签派员、航空电台通信员。

航空人员是航空活动中最活跃的因素，处于十分重要的地位。对于有效而安全的运行来说，航空人员的能力、技巧和训练是必要的保证，因此，各类航空人员都应当符合规定的条件，各司其职，各负其责，团结协作，切实保障飞行安全。在我国民航规章中，对上述航空人员的资格及相关管理制定了相应的规定。表 2 列出了部分航空人员管理相关的规章。

表 2　部分航空人员管理的相关规章

<table>
<tr><td rowspan="3">1</td><th>名称及 CCAR 编号</th><th>发布日期</th><th>目的</th></tr>
<tr><td>《民用航空器驾驶员合格审定规则》（CCAR-61-R4）</td><td>2016-3-28</td><td>规范民用航空器驾驶员的合格审定工作。</td></tr>
<tr><td colspan="3">适用范围：
（a）适用于中国民用航空局和民用航空地区管理局及地区管理局派出机构对民用航空器驾驶员执照的颁发与管理。
（b）民用航空器驾驶员执照与等级的申请和权利行使应当遵守本规则的规定。</td></tr>
<tr><td rowspan="3">2</td><th>名称及 CCAR 编号</th><th>发布日期</th><th>目的</th></tr>
<tr><td>《民用航空飞行签派员执照管理》（CCAR-65FS-R2）</td><td>2016-3-17</td><td>规范中国民用航空飞行签派员执照管理。</td></tr>
<tr><td colspan="3">适用范围：
适用于民用航空飞行签派员执照和飞行签派员训练机构资格证书的申请、颁发和管理。本规则所称飞行签派员训练机构是指对飞行签派员执照申请人实施执照课程训练的机构。</td></tr>
</table>

续 表

<table>
<tr><td rowspan="3">3</td><td>名称及 CCAR 编号</td><td>发布日期</td><td>目的</td></tr>
<tr><td>《民用航空器维修人员执照管理规则》(CCAR-66-R2)</td><td>2016-4-7</td><td>规范民用航空器维修人员执照的管理，保障民用航空器持续适航和飞行安全。</td></tr>
<tr><td colspan="3">适用范围：
适用于从事在中国注册的民用航空器的维修、部件修理工作的人员的执照的颁发和监督管理。从事体育运动航空器维修工作的维修人员，由国务院体育主管部门按规定办理体育运动航空器维修人员合格证件。</td></tr>
<tr><td rowspan="3">4</td><td>名称及 CCAR 编号</td><td>发布日期</td><td>目的</td></tr>
<tr><td>《民用航空电信人员执照管理规则》(CCAR-65TM-I-R3)</td><td>2016-3-17</td><td>规范民用航空电信人员执照的管理。</td></tr>
<tr><td colspan="3">适用范围：
适用于民用航空电信人员执照的申请、颁发、管理和监督。</td></tr>
<tr><td rowspan="3">5</td><td>名称及 CCAR 编号</td><td>发布日期</td><td>目的</td></tr>
<tr><td>《民用航空空中交通管制员执照管理规则》(CCAR-66TM-Ⅰ-R4)</td><td>2016-3-17</td><td>规范民用航空空中交通管制员执照的管理。</td></tr>
<tr><td colspan="3">适用范围：
适用于民用航空空中交通管制员执照的申请、颁发、管理和监督。</td></tr>
<tr><td rowspan="3">6</td><td>名称及 CCAR 编号</td><td>发布日期</td><td>目的</td></tr>
<tr><td>《民用航空情报员执照管理规则》(CCAR-65TM-III-R4)</td><td>2016-3-17</td><td>规范民用航空情报员执照的管理。</td></tr>
<tr><td colspan="3">适用范围：
适用于民用航空情报员执照的申请、颁发、管理和监督。</td></tr>
<tr><td rowspan="3">7</td><td>名称及 CCAR 编号</td><td>发布日期</td><td>目的</td></tr>
<tr><td>民用航空气象人员执照管理规则(CCAR-65TM-II-R3)</td><td>2016-3-17</td><td>规范民用航空气象人员执照的管理。</td></tr>
<tr><td colspan="3">适用范围：
适用于民用航空气象人员执照的申请、颁发、管理和监督。</td></tr>
</table>

续　表

	名称及 CCAR 编号	发布日期	目的
8	《民用航空人员体检合格证管理规则》（CCAR-67FS-R2）	2016-3-17	保证从事民用航空活动的空勤人员和空中交通管制员身体状况符合履行职责和飞行安全的要求。
	适用范围： 适用于空勤人员和空中交通管制员的体检鉴定以及体检合格证的申请、颁发和监督管理。		

九、航空公司运行安全管理的相关规章主要包括哪些？

航空公司运行安全管理的规章主要涉及航空器运行规章、保障机构管理规章和航空人员管理规章。表 3 列出了部分航空公司运行安全管理的相关规章，由于航空人员的规章已在前文列出，这部分中不再重复。

表 3　部分航空公司运行安全管理的相关规章

	名称及 CCAR 编号	发布日期	目的
1	《一般运行和飞行规则》（CCAR-91-R2）	2007-11-22	规范民用航空器的运行，保证飞行的正常与安全。
	适用范围： （a）在中华人民共和国境内（不含香港、澳门特别行政区）实施运行的所有民用航空器（不包括系留气球、风筝、无人火箭和无人自由气球）应当遵守本规则中相应的飞行和运行规定。对于公共航空运输运行，除应当遵守本规则适用的飞行和运行规定外，还应当遵守公共航空运输运行规章中的规定。 （b）在中华人民共和国国籍登记的民用航空器在中华人民共和国境外实施运行时，应当遵守本规则 G 章的规定。 （c）超轻型飞行器在中华人民共和国境内实施的飞行应当遵守本规则 O 章的规定，但无须遵守其他章的规定。 （d）乘坐按本规则运行的民用航空器的人员，应当遵守本规则相应条款的规定。		

续 表

<table>
<tr><th rowspan="3">2</th><th>名称及 CCAR 编号</th><th>发布日期</th><th>目的</th></tr>
<tr><td>《大型飞机公共航空运输承运人运行合格审定规则》（CCAR-121-R4）</td><td>2016-3-4</td><td>对大型飞机公共航空运输承运人进行运行合格审定和持续监督检查，保证其达到并保持规定的运行安全水平。</td></tr>
<tr><td colspan="3">适用范围：
（a）本规则适用于在中华人民共和国境内依法设立的航空运营人实施的下列公共航空运输运行：
（1）使用最大起飞全重超过 5700 千克的多发飞机实施的定期载客运输飞行；
（2）使用旅客座位数超过 30 座或者最大商载超过 3400 千克的多发飞机实施的不定期载客运输飞行；
（3）使用最大商载超过 3400 千克的多发飞机实施的全货物运输飞行。
（b）对于适用于本条（a）款规定的航空运营人，在本规则中称为大型飞机公共航空运输承运人。
（c）对于按照本规则审定合格的大型飞机公共航空运输承运人，中国民用航空局授权相关的民航地区管理局按照审定情况在其运行合格证和运行规范中批准其实施下列一项或者多项运行种类的运行：
（1）国内定期载客运行，是指符合本条（a）款第（1）项规定，在中华人民共和国境内两点之间的运行，或者一个国内地点与另一个由局方专门指定、视为国内地点的国外地点之间的运行；
（2）国际定期载客运行，是指符合本条（a）款第（1）项规定，在一个国内地点和一个国外地点之间，两个国外地点之间，或者一个国内地点与另一个由局方专门指定、视为国外地点的国内地点之间的运行；
（3）补充运行，是指符合本条（a）款第（2）、（3）项规定的运行。
（d）大型飞机公共航空运输承运人应当遵守其他有关的中国民用航空规章，但在本规则对相应要求进行了增补或者提出了更高标准的情况下，应当按照本规则的要求执行。
（e）大型飞机公共航空运输承运人在运行中所使用的人员和大型飞机公共航空运输承运人所载运的人员应当遵守本规则中的适用要求。
（f）在本规则中，对于载运邮件的飞行，视为载运货物飞行；对于同时载运旅客和货物的飞行，视为载运旅客飞行，但应当同时满足本规则中有关货物运输条款的要求。</td></tr>
</table>

续　表

<table>
<tr><th></th><th>名称及 CCAR 编号</th><th>发布日期</th><th>目的</th></tr>
<tr><td rowspan="2">3</td><td>《小型航空器商业运输运营人运行合格审定规则》(CCAR-135)</td><td>2006-1-1</td><td>对小型航空器商业运输运营人进行运行合格审定和持续监督检查，规范其运行活动，保证其达到并保持规定的运行安全水平。</td></tr>
<tr><td colspan="3">适用范围：
(a) 本规则适用于在中华人民共和国境内依法设立的航空运营人所实施的下列商业运输飞行：
(1) 使用下列航空器实施的定期载客运输飞行：
(i) 最大起飞全重不超过 5700 千克的多发飞机；
(ii) 单发飞机；
(iii) 旋翼机。
(2) 使用下列航空器实施的非定期载客运输飞行：
(i) 旅客座位数量 (不包括机组座位) 不超过 30 座，并且最大商载不超过 3400 千克的多发飞机；
(ii) 单发飞机；
(iii) 旋翼机。
(3) 使用下列航空器实施的全货机运输飞行：
(i) 最大商载不超过 3400 千克的多发飞机；
(ii) 单发飞机；
(iii) 旋翼机。
(4) 使用本条 (a)(1) 和 (a)(2) 规定的航空器，在同一机场起降且半径超过 40 千米的空中游览飞行。
(b) 对于适用于本条 (a) 款规定的航空运营人，在本规则中称为小型航空器商业运输运营人。
(c) 对于按照本规则审定合格的小型航空器商业运输运营人，可以按照审定情况在其运行合格证和运行规范中批准其实施下列一项或者多项运行种类的运行：
(1) 定期载客运行，指本条 (a)(1) 款规定的运行；
(2) 非定期载客及全货运行，指本条 (a)(2) 和 (a)(3) 规定的运行。
(d) 小型航空器商业运输运营人应当遵守其他有关的中国民用航空规章，但在本规则对相应要求进行了增补或者提出了更高标准的情况下，应当按照本规则的要求执行。
(e) 小型航空器商业运输运营人在中国境外运行时，应当遵守《国际民用航空公约》附件二《空中规则》或者适用的运行所在地的法规。在 CCAR-61 部、CCAR-91 部和本规则的规定严于上述附件和运行所在地法规的规定并且不与其发生抵触时，还应当遵守 CCAR-61 部、CCAR-91 部和本规则的规定。
(f) 小型航空器商业运输运营人在运行中所使用的人员和小型航空器商业运输运营人所载运的人员应当遵守本规则中的适用要求。</td></tr>
</table>

续 表

<table>
<tr><td rowspan="3">4</td><td>名称及 CCAR 编号</td><td>发布日期</td><td>目的</td></tr>
<tr><td>《民用航空器维修单位合格审定规定》（CCAR-145-R3）</td><td>2005-12-31</td><td>规范民用航空器维修的管理和监督，保障民用航空器持续适航和飞行安全。</td></tr>
<tr><td colspan="3">适用范围：
适用于中国民用航空局或中国民用航空地区管理局对申请民用航空器或者民用航空器部件维修服务的维修单位的合格审定，以及对获得维修许可证的维修单位实施的监督检查。
维修单位包括独立的维修单位、航空营运人的维修单位和制造厂家的维修单位；独立的维修单位包括国内维修单位、国外维修单位和地区维修单位。</td></tr>
<tr><td rowspan="3">5</td><td>名称及 CCAR 编号</td><td>发布日期</td><td>目的</td></tr>
<tr><td>《中国民用航空危险品运输管理规定》（CCAR-276-R1）</td><td>2016-4-13</td><td>加强危险品航空运输管理，促进危险品航空运输发展，保证航空运输安全。</td></tr>
<tr><td colspan="3">适用范围：
适用于国内公共航空运输经营人、在外国和中国地点间进行定期航线经营或者不定期飞行的外国公共航空运输经营人以及与危险品航空运输活动有关的任何单位和个人。</td></tr>
<tr><td rowspan="3">6</td><td>名称及 CCAR 编号</td><td>发布日期</td><td>目的</td></tr>
<tr><td>《民用航空器飞行事故应急反应和家属援助规定》（CCAR-399）</td><td>2005-10-7</td><td>提高对民用航空器飞行事故的应急反应能力，减轻事故危害，为事故罹难者、幸存者、失踪者及其家属提供必要的援助。</td></tr>
<tr><td colspan="3">适用范围：
适用于发生在中华人民共和国领域内（不含香港特别行政区、澳门特别行政区和台湾地区）依照 CCAR-121 部和 CCAR-135 部进行商业运行的航空器发生的、依法由国务院民用航空主管部门组织调查的重大事故、国务院授权组织调查的特别重大民用航空器飞行事故。</td></tr>
</table>

续　表

<table>
<tr><td rowspan="3">7</td><td>名称及 CCAR 编号</td><td>发布日期</td><td>目的</td></tr>
<tr><td>《公共航空旅客运输飞行中安全保卫规则》（CCAR-332）</td><td>2016-3-4</td><td>规范民用航空器旅客运输飞行中的安全保卫工作，保障民用航空飞行安全。</td></tr>
<tr><td colspan="3">适用范围：
适用于在中华人民共和国境内依法设立的公共航空运输企业从事旅客运输的航空器飞行中客舱和驾驶舱的安全保卫工作。</td></tr>
<tr><td rowspan="3">8</td><td>名称及 CCAR 编号</td><td>发布日期</td><td>目的</td></tr>
<tr><td>《公共航空运输企业航空安全保卫规则》（CCAR-343）</td><td>2016-4-21</td><td>规范公共航空运输企业航空安全保卫工作，保证旅客、机组、航空器和公众的安全。</td></tr>
<tr><td colspan="3">适用范围：
适用于在中华人民共和国境内依法设立的公共航空运输企业，在中华人民共和国境内从事公共航空运输的外国航空运输企业，以及与公共航空运输活动有关的单位和个人。</td></tr>
</table>

十、机场运行安全管理的相关规章包括哪些?

机场运行安全管理相关的规章主要涉及机场建设、机场许可与经营和机场安全管理三个方面。表 4 列出了部分机场运行安全管理相关的规章。

表 4　部分机场运行安全管理的相关规章

<table>
<tr><td rowspan="3">1</td><td>名称及 CCAR 编号</td><td>发布日期</td><td>目的</td></tr>
<tr><td>《民用机场使用许可规定》（CCAR-139CA-R1）</td><td>2005-10-7</td><td>加强对民用机场的管理，保障民用机场安全、正常运行。</td></tr>
<tr><td colspan="3">适用范围：
适用于民用机场（含军民合用机场的民用部分）的使用许可管理及其相关活动，临时机场不适用于本规定。
民用机场分为公共航空运输机场和通用航空机场。</td></tr>
</table>

续 表

<table>
<tr><td rowspan="3">2</td><td>名称及 CCAR 编号</td><td>发布日期</td><td>目的</td></tr>
<tr><td>《民用机场建设管理规定》（CCAR-158-R1）</td><td>2016-4-21</td><td>加强民用机场建设监督管理，规范建设程序，保证工程质量和机场运行安全，维护建设市场秩序。</td></tr>
<tr><td colspan="3">适用范围：
适用于民用机场（包括军民合用机场民用部分）及相关空管工程的规划与建设。
民用机场分为运输机场和通用机场。</td></tr>
<tr><td rowspan="3">3</td><td>名称及 CCAR 编号</td><td>发布日期</td><td>目的</td></tr>
<tr><td>《民用运输机场突发事件应急救援管理规则》（CCAR-139-II-R1）</td><td>2016-4-20</td><td>规范民用运输机场应急救援工作，有效应对民用运输机场突发事件，避免或者减少人员伤亡和财产损失，尽快恢复机场正常运行秩序。</td></tr>
<tr><td colspan="3">适用范围：
适用于民用运输机场（包括军民合用机场民用部分）及其邻近区域内突发事件的应急救援处置和相关的应急救援管理工作。</td></tr>
<tr><td rowspan="3">4</td><td>名称及 CCAR 编号</td><td>发布日期</td><td>目的</td></tr>
<tr><td>《民用机场运行安全管理规定》（CCAR-140）</td><td>2007-12-17</td><td>保障民用机场安全、正常运行。</td></tr>
<tr><td colspan="3">适用范围：
适用于民用机场（包括军民合用机场民用部分）的运行安全管理。民用机场航空安全保卫管理的要求按照其他有关法律法规和民航规章的规定执行。
本规定所称民用机场（以下统称机场），包括运输机场和通用机场。运输机场的运行安全管理应当符合本规定的要求，通用机场的运行安全管理参照本规定执行。</td></tr>
<tr><td rowspan="3">5</td><td>名称及 CCAR 编号</td><td>发布日期</td><td>目的</td></tr>
<tr><td>《民用航空运输机场航空安全保卫规则》（CCAR-329）</td><td>2016-4-21</td><td>规范民用航空运输机场航空安全保卫工作，保证旅客、工作人员、公众和机场设施设备的安全。</td></tr>
<tr><td colspan="3">适用范围：
适用于中华人民共和国境内民用航空运输机场（含军民合用机场的民用部分）的安全保卫工作，与机场安全保卫活动有关的单位和个人应当遵守本规则。</td></tr>
</table>

十一、空管单位运行安全管理的相关规章包括哪些？

空管单位运行安全管理的规章主要涉及管制、气象、情报、通导、人员、运行、安全和空域八个方面。表 5 列出了部分空管单位运行安全管理的相关规章。

表 5　部分空管单位运行安全管理的相关规章

<table>
<tr><td rowspan="3">1</td><td>名称及 CCAR 编号</td><td>发布日期</td><td>目的</td></tr>
<tr><td>《民用航空空中交通管理运行单位安全管理规则》（CCAR-83）</td><td>2016-3-17</td><td>规范对民用航空空中交通管理运行单位的安全监督和管理，降低空中交通安全风险，提高空中交通运行安全水平，保障飞行安全。</td></tr>
<tr><td colspan="3">适用范围：
在中华人民共和国领域内从事民用航空空中交通服务、航空情报服务、通信导航监视服务、航空气象服务的单位和个人，应当遵守本规则。
本规则所指民航空管运行单位，包括中国民用航空局空中交通管理局及其所属地区空中交通管理局、空中交通管理分局、空中交通管理站和机场管理机构及其下属的民航空管运行部门。</td></tr>
<tr><td rowspan="3">2</td><td>名称及 CCAR 编号</td><td>发布日期</td><td>目的</td></tr>
<tr><td>《中国民用航空空中交通管理规则》（CCAR-93TM-R4）</td><td>2007-11-4</td><td>保障民用航空飞行活动安全和有秩序地进行。</td></tr>
<tr><td colspan="3">适用范围：
适用于依法在中华人民共和国领空以及根据我国缔约或者参加的国际条约的规定，由中华人民共和国提供空中交通管制的公海上空的民用航空活动。
本规则是组织实施民用航空空中交通管理的依据。各级民用航空管理机构和从事民用航空活动的单位和个人，以及在我国飞行情报区内飞行的外国民用航空器飞行人员，均应当遵守本规则。</td></tr>
</table>

续 表

3	名称及 CCAR 编号	发布日期	目的
	《民用航空情报工作规则》(CCAR-175TM-R1)	2016-3-17	规范民用航空情报工作，保障空中航行的安全、正常和效率。
	适用范围： 适用于中华人民共和国领域内的民用航空情报工作。提供民用航空情报服务以及其他与民用航空情报工作有关的单位和个人，应当遵守本规则。		
4	名称及 CCAR 编号	发布日期	目的
	《中国民用航空气象工作规则》(CCAR-117-R2)	2016-3-28	规范民用航空气象工作，保障民用航空活动的安全、正常和效率。
	适用范围： 适用于中华人民共和国领域内的民用航空气象工作。从事民用航空气象工作及与民用航空气象有关的单位和个人，应当遵守本规则。		
5	名称及 CCAR 编号	发布日期	目的
	《民用航空通信导航监视工作规则》(CCAR-115TM-R1)	2016-3-28	规范民用航空通信导航监视工作，保障民用航空活动的安全、正常和高效。
	适用范围： 适用于在中华人民共和国领域内以及根据我国缔结或者参加的国际条约的规定，提供通信导航监视服务以及与通信导航监视服务有关的活动。		

十二、行业综合安全管理的相关规章包括哪些？

行业综合安全管理的规章主要涉及事故与事故征候调查、安全信息管理、应急管理等方面。表 6 列出了部分行业综合安全管理的相关规章。

表 6　部分行业综合安全管理的相关规章

<table>
<tr><td rowspan="3">1</td><td>名称及 CCAR 编号</td><td>发布日期</td><td>目的</td></tr>
<tr><td>《民用航空器事故和飞行事故征候调查规定》（CCAR-395-R1）</td><td>2007-3-15</td><td>规范民用航空器事故和事故征候调查。</td></tr>
<tr><td colspan="3">适用范围：
适用于中国民用航空总局（以下简称民航总局）和民航地区管理局（以下简称地区管理局）负责组织的民用航空器事故和飞行事故征候的调查及相关工作。
由国务院组织，民航总局或者地区管理局参加的民用航空器事故调查工作参照本规定。
根据我国批准的国际公约的相关规定，由其他国家或地区组织，我国参加的民用航空器事故和飞行事故征候调查工作，适用本规定。</td></tr>
<tr><td rowspan="3">2</td><td>名称及 CCAR 编号</td><td>发布日期</td><td>目的</td></tr>
<tr><td>《民用航空安全信息管理规定》（CCAR-396-R3）</td><td>2016-3-4</td><td>规范民用航空安全信息收集、分析和应用，实现安全信息共享，推进安全管理体系建设，及时发现安全隐患，控制风险，预防民用航空事故。</td></tr>
<tr><td colspan="3">适用范围：
适用于中国民用航空局、中国民用航空地区管理局、中国民用航空安全监督管理局、中国民用航空安全监督运行办公室、在中华人民共和国境内注册的民用航空企事业单位及其从业人员的民用航空安全信息管理。
在中华人民共和国境内实施运行的外国公共航空运输承运人（以下简称外国航空公司）和个人的民用航空安全信息管理也应当遵守本规定。</td></tr>
<tr><td rowspan="3">3</td><td>名称及 CCAR 编号</td><td>发布日期</td><td>目的</td></tr>
<tr><td>《中国民用航空应急管理规定》（CCAR-397）</td><td>2016-3-17</td><td>加强和规范民航应急工作，保障民用航空活动安全和有序运行。</td></tr>
<tr><td colspan="3">适用范围：
中国民用航空局、民航地区管理局和企事业单位为履行以下责任和义务而开展的预防与应急准备、预测与预警、应急处置、善后处理等民航应急工作遵守本规定：
（一）防范突发事件对民用航空活动的威胁与危害，控制、减轻和消除其对民用航空活动的危害。
（二）防止民用航空活动发生、引发突发事件，控制、减轻和消除其危害。
（三）协助和配合国家、地方人民政府及相关部门的应急处置工作。</td></tr>
</table>

十三、中国民航规章与国际民航公约附件是如何对应的?

国际民航组织是政府间的组织，其制定的相关要求都是针对国家提出的。因此，各缔约国需要把国际标准转化为国内法规实施。表7列出了《国际民用航空公约》附件与中国民航规章的对应关系，便于读者对我国民航规章规定的追溯和理解。

表7　公约附件与中国民航规章的对应关系

《国际民用航空公约》附件	对应机构及内容	对应规章
附件1《人员执照的颁发》	飞行标准司：颁发飞行员，领航员、飞行机械员、飞行通信员、签派员、维修人员的执照以及需体检合格证人员的体检合格要求	CCAR-61《民用航空器驾驶员、飞行教员和地面教员合格审定规则》 CCAR-63FS《民用航空器领航员、飞行机械员、飞行通信员合格审定规则》 CCAR-65FS《民用航空飞行签派员执照管理》 CCAR-66《民用航空器维修人员执照管理规则》 CCAR-67FS《民用航空人员体检合格证管理规则》
	空管行业管理办公室：颁发气象员管制执照	CCAR-65TM-Ⅰ《民用航空电信人员执照管理规则》 CCAR-65TM-Ⅲ《民用航空情报员执照管理规则》 66TM-Ⅰ《民用航空空中交通管制员执照管理规则》
附件2《空中规则》		
附件3《国际航空气象服务》	空管行业管理办公室	CCAR-117《中国民用航空气象工作规则》
附件4《航图》		

续　表

《国际民用航空公约》附件	对应机构及内容	对应规章
附件5《空地运行中的计量单位》		
附件6《航空器的运行》	飞行标准司：颁发运行合格证和运行规范	CCAR-91《一般运行和飞行规则》 CCAR-121《大型飞机公共航空运输承运人运行合格审定规则》 CCAR-135《小型航空器商业运输运营人运行合格审定规则》
附件7《航空器国籍和登记标志》	航空器适航审定司	CCAR-45《民用航空器国籍登记规定》
附件8《航空器的适航性》	飞行标准司	CCAR-145《民用航空器维修单位合格审定规定》
	航空器适航审定司	CCAR-21《民用航空产品和零部件合格审定规定》 CCAR-23《正常类、实用类、特技类和通勤类飞机适航规定》 CCAR-25《运输类飞机适航标准》 CCAR-27《正常类旋翼航空器适航规定》 CCAR-29《运输类旋翼航空器适航规定》
附件9《简化手续》		
附件10《航空电信》	空管行业管理办公室	CCAR-87《民用航空空中交通通信导航监视设备使用许可管理办法》
附件11《空中交通服务》	空管行业管理办公室	CCAR-83《民用航空空中交通管理运行单位安全管理规则》 CCAR-93TM《中国民用航空空中交通管理规则》
附件12《搜寻与救援》		CCAR-391《中华人民共和国搜寻援救民用航空器规定》

续 表

《国际民用航空公约》附件	对应机构及内容	对应规章
附件 13《航空器事故与事故征候调查》	航空安全办公室	CCAR-395《民用航空器事故和飞行事故征候调查规定》
附件 14《机场》	机场司	CCAR-139《民用运输机场突发事件应急救援管理规则》 CCAR-139《民用机场使用许可规定》 CCAR-140《民用机场运行安全管理规定》
附件 15《航行情报服务》	空管行业管理办公室	CCAR-175TM《民用航空情报工作规则》
附件 16《环境保护》		CCAR-36《航空器型号和适航合格审定噪声规定》
附件 17《防止对国际民用航空进行非法干扰》		CCAR-343《公共航空运输企业航空安全保卫规则》 CCAR-329《民用航空运输机场航空安全保卫规则》
附件 18《危险品的安全航空运输》	运输司	CCAR-276《中国民用航空危险品运输管理规定》
附件 19《安全管理》	航空安全办公室	CCAR-396《民用航空安全信息管理规定》

十四、中国民航的安全监管体制是如何发展的?

中国民航近 70 年来的发展共经历过四个阶段性、系统性的体制改革。

第一阶段，军转民阶段。自 1980 年 3 月 15 日起，隶属空军的民航划归国务院领导。民航按照走企业化道路的要求，进行了以经济核算制度和人事劳动制度为核心的一系列管理制度上的改革。这一时期，安全监管是“政企合一”的。

第二阶段，通过政企分离实现现代民航业的基本架构。从 1987 年开始，民航实施了政企分开，分设管理局、航空公司、机场。1987 年到 1992 年分别在北京、上海、广州、成都、西安、沈阳设立民航华北、华东、中南、西南、西北、东北六个地区管理局，主管所辖地区的民用航空事务。在各省（区、市）建立省（区、市）局，各省（区、市）局根据授权承担部分政府职能，同时，绝大部分省（区、市）局与机场合一，实行企业化运营，从而形成民航总局—地区管理局—省（区、市）局三级行政管理体制。

第三阶段，2002 年 3 月，中国政府决定对中国民航再次进行重组，拉开了 21 世纪民航改革的序幕。机场实行属地管理，按照政企分开、属地管理的原则，对 90 个机场进行了属地化管理改革。民航总局下属 7 个地区管理局（华北地区管理局、东北地区管理局、华东地区管理局、中南地区管理局、西南地区管理局、西北地区管理局、新疆管理局）和 34 个省级安全监督管理办公室（包括西藏地区局），对民航事务实施监管。

第四阶段，“三定”改革。2008 年 3 月 21 日，根据《国务院关于部委管理的国家局设置的通知》（国发〔2008〕12 号），设立中国民用航空局，为交通运输部管理的国家局。2008 年年底，根据《中国民用航空局主要职责、内设机构和人员编制规定》的规定，民航安全监督管理办公室的级别抬高半个格，升级为安全监督管理局，形成了民航局—地区管理局—监管局三级安全监管体制。

十五、目前中国民航的安全监管体系是如何设置的?

目前，中国民用航空局、7 个地区管理局、41 个安全监督管理局（含西藏区局及运行办）的三级安全监管体系业已形成，如图 3 所示。

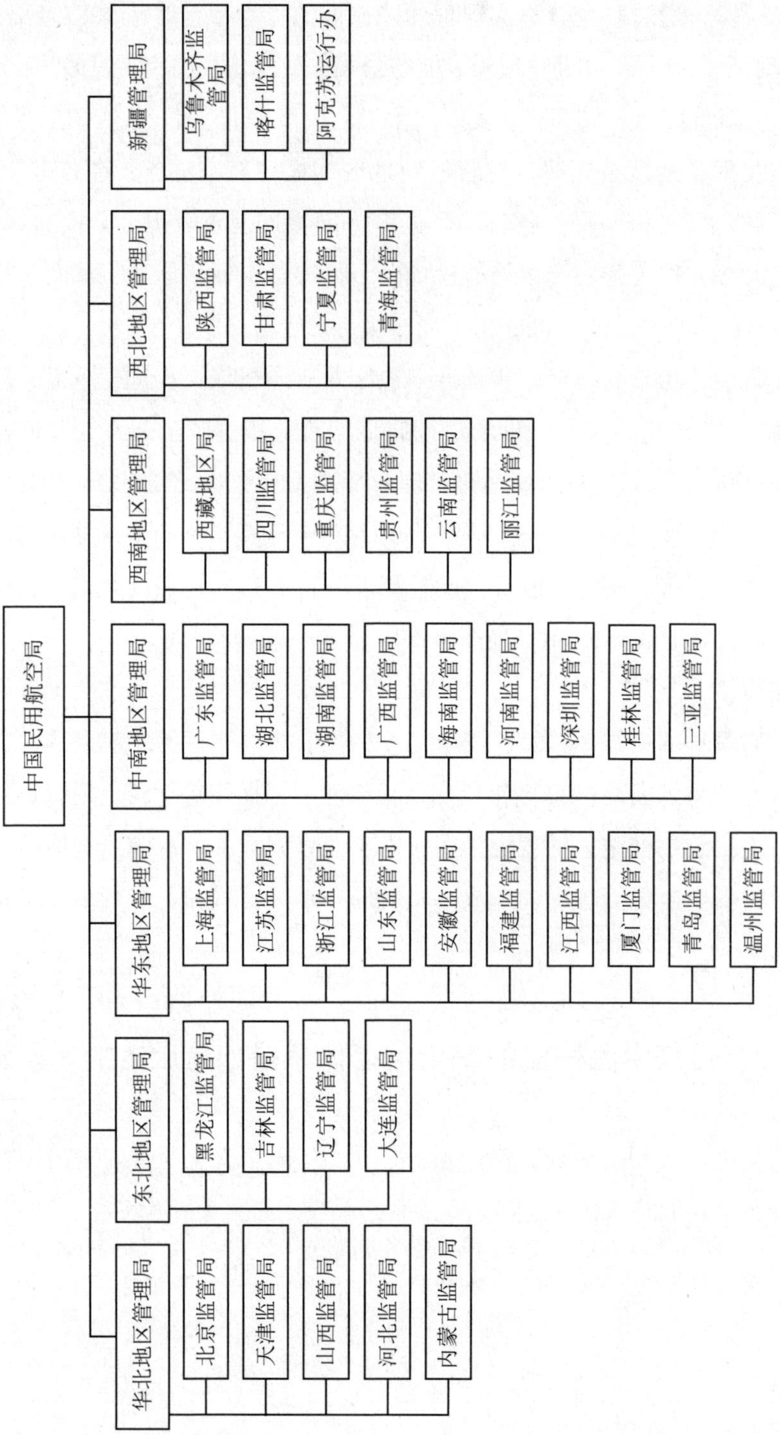

图 3　中国民航三级监管机构

目前，我国民航安全监管分为行业内和行业外监管两种。行业内监管包括交通运输部、中国民用航空局、中国民用航空地区管理局、中国民用航空安全监督管理局；行业外监管包括国家安全生产监督管理总局、地方人民政府和各省市安全生产监督管理局。

民航局安全监管的主要职责：起草民用航空安全管理法律、法规；制定行业安全管理规章、政策和民用航空安全技术标准；依照安全生产法律、法规和规章及安全、技术标准，对民用航空活动实施安全监管；确保飞行安全和空防安全；组织重大飞行事故的调查，参与特大飞行事故的调查等。

民航地区管理局安全监管的主要职责：贯彻执行国家有关法律、法规以及民航局的规章、制度和标准；负责辖区内民航行政执法和行政诉讼涉及的有关法律事务；承办辖区内监察员考核、报批，监督其行政执法行为。对辖区内的民用航空活动进行安全监督和检查；发布安全通报和指令；组织辖区内民航企事业单位安全评估；组织调查处理辖区内的一般民用航空飞行事故、重大通用航空飞行事故、航空地面事故和民航局授权组织调查的其他事故；参与辖区内重大、特大运输航空飞行事故的调查处理。

监管局安全监管的主要职责：抓好监管局自身建设；抓好安全监管；抓好各类信息的收集和整理，监管局对机场、航空公司、空管等一线生产信息进行收集、整理和分析，逐步总结建立一套行之有效的监管办法；加强与地方政府的协调，帮助地方政府做好规划和协调涉及民航的相关事宜。

参考文献

[1] 杨祖高．民航法规与实务．北京：国防工业出版社，2013.

[2] 崔祥建，吴菁，成宏峰．民航法律法规与实务．北京：旅游教育出版社，2007.

[3] 马松伟，李永．中国民航航空法简明教程．北京：中国民航出版社，2007.

[4] 黄润秋．国际航空法研究．北京：中国法制出版社，2007.

[5] 刘伟民．航空法教程．北京：中国法制出版社，2001.

第二章

安全信息管理

一、民航安全信息管理工作有什么重要意义？

以数据为基础的决策是任何管理系统最重要的内容之一。组织必须通过某种途径获得有关潜在危险源、控制措施、监控和衡量控制措施有效性的信息，并通过对比分析、评估，作出具有可操作性的决策。不难想象，安全管理的发展趋势是数据驱动的，安全信息管理也将是支持SMS建设强有力的后盾，其主要作用体现在：一是危险源识别。通过对发生过的事件的分析，可以对企事业单位的危险源加以识别。二是安全分析。通过对大量安全事件的收集和分析，安全信息分析人员可以对某类安全事件进行趋势分析，以便掌握行业的安全动态。三是安全预防。通过对安全信息的分析，可以使企事业单位从中吸取经验教训，避免同类事情再次发生。四是数据支撑。通过对安全数据的分析，可以为安全管理决策提供坚实的、客观的、科学的依据，提升管理决策的科学性。

二、民航安全信息管理中的安全信息是指哪些信息？

根据《民航安全信息管理规定》（CCAR-396-R3）的规定，民用航空安全信息是指事件信息、安全监察信息和综合安全信息。

事件信息是指在民用航空器运行阶段或者机场活动区内发生航空器损伤、人员伤亡或者其他影响飞行安全的情况。主要包括民用航空器事故、民用航空器事故征候以及民用航空器一般事件信息。

安全监察信息是指地区管理局和监管局各职能部门组织实施的监督监察和其他行政执法工作信息。

综合安全信息是指企事业单位安全管理和运行信息，包括企事业单位安全管理机构及其人员信息、飞行品质监控信息、安全隐患信息和飞行记录器信息等。

上述安全信息是根据民航规章CCAR-396-R3作出的解释，从局方的实际工作出发，比较符合局方的定位与角色。而对于民航企事业单位来说，上述定义绝大部分适用于企事业单位，只有个别内容需要调整。那么适应企事业单位的安全信息仍可基本沿用CCAR-396-R3的定义，具体为：

事件信息是指在民用航空器运行阶段或者机场活动区内发生航空器损伤、人员伤亡或者其他影响飞行安全的情况。主要包括民用航空器事故、民用航空器事故征候以及民用航空器一般事件信息。企事业单位可以通过对行业事故和事故征候等相关信息的追踪，从中学习经验和教训，为避免同类事件的发生，积极应对，达到提高安全的目的。这类信息是安全信息中十分重要的组成部分，是在安全风险管理中采用被动式方法收集上来的数据。

安全监察信息是指企事业单位各相关部门对其运行和安全情况进行检查、审计和调查等获得的信息，还包括其员工的自愿报告。这类安全信息是安全信息中十分重要的补充部分，是在安全风险管理中采用主动式的方法收集上来的数据。

综合安全信息是指企事业单位安全管理和运行信息，包括企事业单位安全管理机构及其人员信息、飞行品质监控信息、安全隐患信息和飞行记录器信息等。企事业单位可以通过对这些数据加以分析和观察，得到与安全和运行相关的趋势性结果，以便为安全和运行决策提供依据。这类信息是安全信息中体现安全风险管理前瞻性的信息，是在安全风险管理中采用预测式的方法收集上来的数据。

上述关于民航安全信息的定义也说明了民航安全信息的来源。为了更好地获得或者利用这些安全信息，行业在安全信息管理方面需要做的事情还有很多。

三、民航强制报告系统和自愿报告系统的区别有哪些?

强制性事故征候报告系统，简称强制报告系统，便于收集有关的事故、严重事故征候、一般事故征候和其他可报告事件，是企事业单位必须向局方报告的不安全事件。自愿性事故征候报告系统，简称自愿报告系统，便于收集强制报告系统可能收集不到的有关实际或潜在安全缺陷的信息。

自愿报告系统的发展历程。随着人们对信息资源的认识和利用的不断加深，20 世纪 70 年代中期，美国开始研究建立自愿报告系统，后来发展成为全球最早运行的航空安全报告系统 ASRS（Aviation Safety Reporting System），并获得了很大的成功。鉴于 ASRS 的成功，英国、加拿大、澳大利亚、新西兰等国先后开发了适合于国情的保密性航空安全自愿报告系统，1999 年后，韩国、日本和我国的台湾地区也建立了保密的自愿报告系统。

20 世纪 80 年代初，在前 ASRS 主席提议下成立了国际航空安全保密系统 ICASS（International Confidential Aviation Safety System）。ICASS 致力于各国和地区航空安全保密系统的建立，促进世界民航安全水平的提高。近年来，ICASS 每年召开年会，与会者加强交流，推广经验，研究对策。目前已经运行保密报告系统的成员有 ASRS（美国）、CHIRP（英国）、SECURITAS（加拿大）、REPCON（澳大利亚）、CASRP（俄罗斯）、KAIRS（韩国）、ASI-NET（日本）、SCASS（中国）、SINCAIR（新加坡）等。

2001 年 11 月，国际民航组织对《国际民用航空公约》附件 13 作了修改："在强调各国应建立强制报告系统的基础上，对事件的自愿报告系统也提出建议"，"各国应该建立自愿的事件报告系统以促进收集安全强制报告系统没有收集的信息"；以及"自愿的事件报告系统应该是非惩罚性的和对信息源提供保护"。目前，各个企事业单位也逐步建立起自己的自愿报告系统，目的是找出系统内部存在的各种危险源，提高企业自身的安全水平。

自愿报告系统的工作原则是恪守自愿性、保密性和非处罚性。只有赢得了报告人的信任，才能获得大量及时、准确、真实而详细的不安全事件信息的报告。由于非处罚性，因此自愿报告系统对受理范围作了严格的规定。对于事故或事故征候等适合强制报告系统报告的范畴，在自愿报告系统中是不受理的。对于触犯法律和犯罪行为，也不属于自愿报告的受理范围。

四、事故、严重事故征候、一般事故征候的定义是什么？

事故是指对于有人驾驶的航空器而言，从任何人登上航空器准备飞行直至所有这类人员下了航空器为止的时间内（指航空器运行阶段），或对于无人驾驶航空器而言，从航空器为飞行目的准备移动直至飞行结束停止移动且主要推进停车的时间内所发生的与航空器运行有关的事件。在此事件中：

（1）由于下述情况，人员遭受致命伤或重伤：

①在航空器内，或

②与航空器的任何部分包括已脱离航空器的部分直接接触，或

③直接暴露于喷气尾喷。

但由于自然原因、由自己或由他人造成的伤害，或对于藏在通常供旅客和机组使用区域外的偷乘飞机者造成的受伤除外；或

（2）航空器受到损坏或结构故障，并且：

①对航空器的结构强度、性能或飞行性造成不利影响，和

②通常需要大修或更换有关受损部件。

但下述情况除外：仅限于单台发动机（包括其整流罩或附件）的发动机失效或损坏，或仅限于螺旋桨、翼尖、天线、传感器、导流片、轮胎、制动器、机轮、整流片、面板、起落架舱门、挡风玻璃、航空器蒙皮（例如小凹坑或穿孔）的损坏，或对主旋翼叶片、尾桨叶片、起落架的轻微损坏，以及由冰雹或鸟击造成的轻微损坏（包括雷达天线罩上的洞）；或

（3）航空器失踪或处于完全无法接近的地方。

严重事故征候是指涉及表明具有很高事故发生概率的事故征候，即对于有人驾驶航空器而言，从任何人登上航空器准备飞行直至所有这类人员下了航空器为止的时间内，或对于无人驾驶航空器而言，从航空器为飞行目的准备移动直至飞行结束停止移动且主要推进系统停车的时间内所发生的与航空器运行有关的事件。

重伤是指某一人员在事故中受伤而：

（1）自受伤之日起7天内需要住院48小时以上；或

（2）造成任何骨折（手指、足趾或鼻部单纯折断除外）；或

（3）引起严重出血、神经、肌肉或筋腱等损坏的裂伤；或

（4）涉及内脏器官受伤；或

（5）有二度或三度或超过全身面积百分之五以上的烧伤；或

（6）经证实暴露于传染物质或受到有害辐射。

根据《民用航空器事故征候》（MH/T 2001—2015）的规定，我国对航空器事故征候作了更加细致的分类，具体如下：

民用航空器事故征候是指在航空器运行阶段或在机场活动区内发生的与航空器有关的，不构成事故但影响或可能影响安全的事件，分为运输航空严重事故征候、运输航空一般事故征候、通用航空事故征候和航空器地面事故征候。

运输航空严重事故征候是指按照飞行任务性质划分，执行定期航班、非定期航班等飞行任务的航空器，在运行阶段发生的具有很高事故发生可能性的事故征候。

运输航空一般事故征候是指按照飞行任务性质划分，执行定期航班、非定期航班等飞行任务的航空器，在运行阶段发生的、未构成运输航空严重事故征候的事故征候。

通用航空事故征候是指执行工、农、林、牧、渔作业飞行，医疗卫生、气象探测、科学实验、遥感测绘、旅游观光、训练、调机等飞行活动的航空器，在运行阶段发生的事故征候。

航空器地面事故征候是指在非运行阶段但是在机场活动区内发生的与航空器有关的，造成航空器受损的事故征候。

航空器受损是指航空器损伤程度低于航空器放行标准。培训机构用于教学飞行且最大审定起飞重量低于5700千克的航空器受损修复费用超过同类或同类可比新航空器价值10%（含）的情况。

人员轻伤是指使人肢体或者容貌损害，听觉、视觉或者其他器官功能部分障碍或者其他对于人身健康有中度伤害的损伤，包括一级和二级。

五、安全调查在安全管理中的重要作用有哪些？

1974 年 12 月 1 日上午，TWA 的 514 航班飞往华盛顿杜勒斯国际机场。该航班从印第安纳波利斯起飞，经停俄亥俄伦布市，原计划降落在华盛顿国家机场。因为国家机场的大风天气，该航班前往杜勒斯国际机场。在距离杜勒斯国际机场 44 英里时，机组收到 12 号跑道 VOR/DME 进近许可。在上午 11 时 09 分，这架波音 B727 飞机撞向弗吉尼亚州的气象山，飞机坠毁，机上 92 人全部遇难。

美国国家运输安全委员会 NTSB 的调查显示，飞机进近时高度低于规定的初始的进近高度。造成这个错误的主要原因是发布进近许可的程序和术语不规范。但是，NTSB 在调查过程中有更重要的发现，此类事件不是第一次发生。514 航班事故发生的 6 周前，美国联合航空公司航班在杜勒斯机场实施同类进近时，犯了同样的错误。幸运的是，美联航自己采取了一系列措施，防止了类似事件的发生。不幸的是，事发航空公司并不知道这样的情况。

安全调查，尤其是事故和事故征候的调查是一种非常重要的安全职能。调查的主要目的是了解发生了什么、如何发生的和如何防止事件再次发生。国际民航组织（ICAO）明确了对事故和事故征候调查的目的，即查明事故原因，并采取相应措施，预防同类事故的再次发生；同时，还明确提出，主要是去查清楚是什么原因造成的事故，而不是去查清是谁造成的事故。因为找出事故原因就有可能预防同类事故再次发生，而找出事故责任者就不一定能预防事故。因为过分强调责任就可能影响事故的原因分析，就有可能找不出或不承认造成事故的真正原因，无法采取预防措施。

上述 514 航班的事故恰好说明了弄清楚事发原因，对预防同类事故发生的重要意义。调查机构将 514 航班的事故原因向行业公布，那么行业会采用积极的应对措施，规范相应的进近许可程序和术语，可以预见由于类似原因造成的灾难性后果的概率会大大降低。

事故、事故征候和一般事件信息都属于航空安全信息当中的事件信息类。

这类信息是民航企事业单位在悲剧当中学习经验教训的重要来源，为避免同类事件的发生起到了积极预防的作用。现代安全管理强调的是关口前移，是前瞻性和预防性的管理。虽然安全调查是一种被动地获得安全信息的方法，但是它给企事业单位带来的安全启示十分重要。所以，从安全调查当中获得的安全信息对安全管理的作用重大，从这个层面上也充分体现了安全信息管理在安全管理当中的重要地位。

另外，如果514航班所在航空公司知道进近许可程序和术语不规范，也就是美联航能通过某些途径共享它在实际运行中发现的安全风险，那么该航班就可以在进近过程中加以规避和改正，而这个悲剧也不会发生。

六、飞行数据记录器和舱音记录器的作用是什么？

飞行记录器俗称“黑匣子”，在中国民航飞行安全管理中发挥着越来越重要的作用，它不仅在事故调查中占有突出的地位，而且还广泛地应用于日常的安全管理中，使安全关口前移。飞行记录器包括了飞行数据记录器（FDR）和舱音记录器（CVR）两种，分别记录航空器飞行状态的各种数据和驾驶舱的通话及背景声音。

CVR直接记录驾驶舱中的各种声音的音频信号，FDR记录的飞行数据则要求与传递给飞行员的操纵数据完全一致。因此，飞行记录器的信息为事故调查人员准确地描述了飞机实际的飞行状态和飞行员的操纵情况，从而为我们分析事故原因提供可靠依据。在事故调查中飞行记录器主要用于以下几方面的分析工作：

（1）描述飞机的一般飞行状态（飞行高度、速度、航向、姿态等）；

（2）判断发动机的工作状态；

（3）了解飞机各主要系统（液压、燃油、电源、操纵、导航、通信等）的运行状态；

（4）判断飞行员的操纵情况；

（5）计算航迹，绘制飞行航迹示意图；

（6）辨听和整理陆空通话及驾驶舱内通话；

（7）发现各种形式（语音、音响、灯光）的警告信息，如主警告、近地警告、空中交通警告、风切变警告等；

（8）判断外界环境状况的变化，如雷雨、闪电、风等。

飞行记录器在事故调查中发挥了突出作用，人们也从中发现了飞行数据所提供的重要信息价值。但是飞行记录器的设计目的毕竟是用于事故调查，如果用于日常工作，则其下载读取数据的方便程度、记录数据的数量、对记录器使用的影响等方面都存在着一定的问题，于是人们在飞机上安装快速存取记录器（QAR）以用于日常的飞行数据下载使用。航空公司利用QAR数据开展飞行品质监控（FOQA）工作。FOQA项目可以根据航空公司存在的问题来具体实施，监控指标可以划分成三级：正常标准、趋势标准和超限标准。利用QAR数据，按照监控标准对航班的飞行情况自动分析，发现飞行中超限的操纵差错；对差错结果和相关原始数据进行分析，查找操作原因；对监控结果进行统计分析，发现潜在的整体或个人操纵偏差发展趋势，找出安全隐患，从而采取有针对性的改进措施。

七、安全信息与安全文化建设的相互作用是什么?

安全文化建设是SMS建设的重要成果，也是SMS建设的重要目标。James Reason定义了安全文化的五个组件，分别是：知情文化、报告文化、公正文化、灵活文化和学习文化。前三个是关于组织如何建立有利于学习、成功变革和管理风险的环境，后两个是关于组织本身如何适应外部环境。

知情文化。创建一个安全信息系统，收集、分析和传播不安全事件信息，定期对该系统的至关重要“征兆”进行主动检查，使得那些运行人员对于人、技术、组织和环境因素不断加深认识，这样可以确保整个系统的安全。

安全管理和其他管理一样，在很大程度上是由决策驱动的实践活动。反过来，前后一致的决策需要通过采集和获得合理信息来支持。因此，一个组织持续让自己获得信息，帮助在运行和安全两个方面获得成功。

报告文化。“任何安全信息系统取决于运行人员的参与意愿。”安全信息的主要来源是组织所有级别的报告，即从最高管理层到所有级别的员工。组织必须通过分析获得的报告编成有用的信息，从而明智地使用这些数据。有两种办法可以摧毁安全报告系统，一是打击报告者，二是销毁数据。如果安全报告被用作惩罚的信息来源，那么报告制度可能会立即“灭亡”，因为员工将很快失去对组织的信任和信心。第二种方法速度较慢，但对于系统一样致命。如果员工不相信本组织会对他们报告的情况采取严肃态度，最终也会失去对系统的信心，并不再使用它。

公正文化。公正文化可以促成两种理想状态的环境。第一个是强化公开报告，即“一种信任的氛围，鼓励甚至奖励人们提供重要的安全信息”；第二个是行为的特定标准，即在安全文化中，人们清楚地知道可接受和不可接受行为之间的界限。

灵活文化。组织面对快节奏或某些危险时拥有很强的适应能力。这些组织通过有效地利用安全信息，不断改善其系统，实现有效的变革管理。有效的变革管理取决于数据收集、分析和系统调整，相应的政策、程序和做法应根据不断变化的需求而不断检讨和调整，以满足要求。

学习文化。学习文化可以被描述为“愿意和有能力从其安全信息系统得出正确结论，以及有意愿在需要时实施重大的变革”。无论什么样的信息，如果缺少合理的分析，那么这些信息也是无用的。信息分析不需要多么先进的分析或统计方法，所要做的就是简单地审查和讨论报告、审计结果和其他数据。无论采取哪种方法，业务部门的人员必须直接参与，保证结果的正确性，这样才能保证安全信息分析结论的合理性。

八、安全信息共享的重要性是什么？

任何组织的SMS建设都将依赖于安全信息的收集和分析。安全信息的来源除了一个组织内部的员工报告、安全审计、检查、调查等，还来自局方的监督检查以及其他运行单位发现的安全风险信息。前者非常容易理解，而对于后者来说，例子也比比皆是，如在某机场运行的航空公司可能会发现该机场的飞行区、停机坪上的安全薄弱环节，而空管部门可能会发现某航空公司飞行人员的不安全行为。我们同时也要认识到，任何管理体系的建立都是有边界的，简而言之就是某航空公司的SMS的管理范围就在其组织内部，它没有办法并且没有权力直接从空管或者机场获得其员工的报告。现在，安全管理的理念已经逐步成熟，并且发生了一场变革，已经由事后型转变为预先型，重点是利用数据识别和消除危险源。一个成熟健全的SMS既需要直接从自身范围内获得信息，也需要从运行的大环境中获得相关的安全信息，或者同类安全信息，以期获得宝贵经验，真正实现安全风险管理关口前移的目的。所以，行业的信息共享是非常重要的。信息共享的渠道很多，包括强制报告信息系统、自愿报告信息系统，或者是针对某专业一线运行人员的不安全行为的自愿报告系统等。目前，比较成熟的安全信息共享的方式有：

（1）信息共享论坛。世界上绝大多数航空公司都加入了某个行业组织，比如美国的ATA、LABSKI等。这些组织会定期召开成员航空公司的安全管理会议，推动成员公司间的信息共享，如FOQA的分析结果。

（2）InfoShare会议。FAA每年会举办两次InfoShare会议，是最成功的推广预先型安全管理和相关事件评估的定期会议之一，会议上航空公司可以开诚布公地研讨高风险事件。会议以鼓励航空公司共享不安全事件信息，并进行交流，已达到对危险源最优控制的目的。

（3）航空安全报告系统（ASRS）。为了鼓励飞行员报告飞行中的威胁和差错，FAA在1976年签署了一项备忘录，同意由美国的NASA创建ASRS。NASA负责系统设计、数据收集、报告确认，并提交报告系统分析，也负责发布总体分析情况报告。ASRS成功的关键要素之一是非惩罚，它承诺报告的内容不会被FAA用于对飞行员的合格审定。ASRS成功的另一个要素就是引入值得信赖的中立组织。NASA是中立的第三方，不负责和实施任何惩罚。NASA的责任是创建系统，并确保识别的信息不会被滥用，同时传递报告中所含的重要的安全情报，使ASRS成长为防止信息滥用的强大系统。

（4）航空安全行动项目（ASAP）为运行人员（包括飞行人员、飞行签派、乘务员、维修人员、配载平衡、飞行支持、地面保障等）提供了向安全部门报告安全风险的方法，即使他们报告自己的失误，也不会有遭受惩罚的风险。ASAP 是由事件评估委员会完成事件评估。该委员会由运行单位安全部门人员、工会员工代表和 FAA 官员组成。委员会评估每一起报告事件，并确定报告人实施的“整改措施”是否恰当。当报告人符合了规定报告标准（报告人不是故意忽视安全），并且完成了整改措施，根据委员会的一致意见，报告的事件将就此关闭。在 ASAP 之前，ASRS 是唯一向报告人提供有限保护的报告项目，报告人提供违反 FAR 的信息，ASRS 可以保护报告人的飞行员执照不被吊销，但是并不保护报告人免予联邦法规的处罚。而依据 ASAP，报告人在 24 小时之内意识到问题，并且不是有意忽视安全，其报告就会被接受，而且报告人将免于联邦法规的处罚。FAA 根据 ASAP 的报告，将其中关键的安全风险制成咨询通告下发到全行业。

我国民航业也相继建立了强制报告系统和自愿报告系统，这是行业不安全信息共享的专业化平台，给民航企事业单位提供了大量的事件信息。然而，我国民航的安全信息共享工作还不够完善，没有定期组织如安全信息共享论坛这样的活动，企事业单位的外部信息交流与共享方面进展较慢，对存在的安全问题，没有达到及时沟通、积极解决的目的。另外，我国除了强制报告系统和自愿报告系统之外，还建立了包括飞行标准管理系统、空管安全管理系统、使用困难报告系统等多个系统，但是各个系统之间没有接口，难以实现系统和数据的整合，当然也更不利于信息的分享与共享。所以，我国民航业在信息共享方面，还有许多工作需要积极开展起来。

九、数据质量的含义是什么?

安全信息即安全数据，这些数据由于来源不同，以不同的数据格式被存储下来。然而，无论采用什么样的数据格式，数据的质量将直接影响数据分析的结果。数据质量是信息分析的“生命”，如果不考虑数据质量或数据缺陷，那么采用此类数据进行分析，可能会导致错误的结果，引导错误的组织决策，甚至损坏安全管理的可信程度。

如何获得高质量的数据是安全信息管理的基础。所谓高质量的数据，就是要达到以下几个方面的要求：

（1）有效性，根据为预期用途而指定的标准，收集的数据是可接受的。

（2）完整性，相关的数据不能丢失。

（3）一致性，给定参数的衡量范围是一致的，能够复制和避免错误。所有数据的记录，都要有一定的格式和标准的要求，尤其是在事件分类上，防止在记录过程中出现混淆、重复的情况，加大后续信息分析工作的难度。这是对所有信息记录的总体要求。

（4）可获取性，数据随时可为分析所用。可获取性分为两个层面的含义，一是相关数据完整，可直接为信息分析所用；二是相关数据以某种方式（如信息系统、Excel 表格等）存储，易于被使用人员获得。

（5）及时性，数据与相关时段有关并可立即获取。

（6）安全性，数据受到保护免遭因疏忽或恶意而被修改。数据安全有两方面的含义：一是数据本身的安全，主要是指采用现代密码算法对数据进行主动保护，如数据保密、数据完整性、双向身份认证等，数据本身的安全可通过人为疏忽大意、黑客入侵、信息窃取、病毒等方式受到威胁；二是数据防护的安全，主要是采用现代信息存储手段对数据进行主动防护，如通过磁盘阵列、数据备份、异地容灾等手段保证数据的安全，数据防护安全可通过磁盘损坏、自然灾害、电源故障等方式受到威胁。数据质量中的安全性要求主要指含义一，但是含义二也不能忽视，因为在实际的工作中，我们的数据可能会受到威胁。

（7）精确性，数据无误。所有记录下来的数据必须是准确无误的，原因显而易见，在错误的数据上分析出来的结果也必然会受到影响。

为将上述几个方面的特点更加具体化，我们将以发动机空中停车（以下简称空停）这类事故征候的调查报告为例来进行数据质量的分析。一个完整的发动机空停的调查报告至少应该包含如下几大类信息：

（1）事件经过。事件经过是整个空停发生的过程，这个过程的详细记录，可以帮助大家了解事情发生的经过以及相关的情景再现。这个过程要力求完整，细节到位，避免信息丢失，体现数据对完整性以及有效性的要求。

（2）人员信息。人员信息是对相关运行人员的信息的记录，包括机组、签派、机务（如有必要）等的资质、安全记录、准备情况等数据的采集。

（3）当日天气情况。飞行运行在很大程度上受到天气的影响，所以，需要记录当时的天气信息，为查明原因提供支撑。

（4）飞机及发动机基本信息。这类信息可以帮助调查人员搞清楚事件原因是否与发动机设计制造的原因相关。但是有时候这类信息并不是特别全面，这就给后续的分析工作带来了一些麻烦，没有达到数据有效性、完整性以及可获取性的要求。

（5）飞机及发动机损伤情况及其近期维修情况。这类信息包括处置情况、目视检测情况、孔探情况等，在飞行运行处置和机务工作两个方面来记录，体现了数据的完整性、及时性等。

（6）QAR 译码。主要是查找飞行人员的处置情况是否有偏差，这在重视飞行品质监控的今天尤为重要，体现了数据的完整性。

（7）最终原因分析。从系统思维的观念入手，根据上述事件分析出一线运行人员的违规、差错及他们犯错误的前提条件，以及更加深入的在监管和组织管理上存在的问题。在有些报告中，这类信息很容易语焉不详或者没有完整地记录到安全信息系统中，这对后来的安全信息分析也会相当不利。

（8）安全措施。给出最终的安全建议措施。

十、安全信息分析的方法有哪些？

通过不同来源收集安全数据之后，各企事业单位需要对这些数据进行分析，以便对安全管理决策提供数据支撑。安全信息分析经常是重复的，并且是持续进行的。信息分析的结果可以是定性的，也可以是定量的，常用的方法有：

（1）统计分析。此方法可用于觉察到安全趋势及其隐含的意义。通过统计分析，可能会得到一些重要的关键信息，但是也必须慎重考虑数据质量和缝隙方法以避免出现错误结论。比如，我们对2007—2011年间发生的事故征候进行一个统计，会发现在所有的事故征候当中，鸟击和空停占的比例较高，如图1所示。在统计分析中，柱状图、饼状图、折线图等，都是常用的分析数据展示手段。

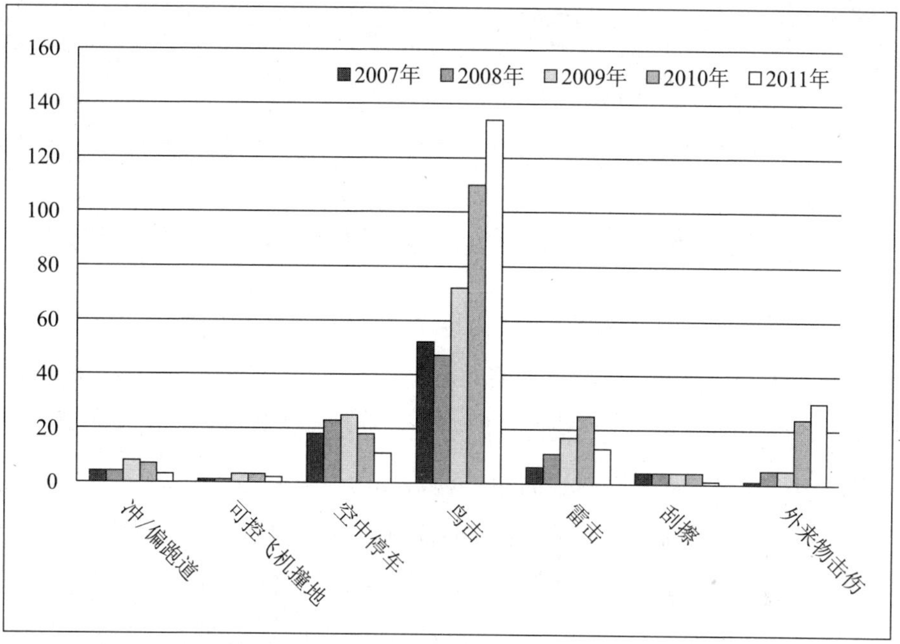

图1 我国民航主要事故征候统计情况（2007—2011年）

（2）趋势分析。通过检测安全数据中的某些趋势，可以预测未来事件。趋势分析可能会得到某些危险的征兆。图2是我国2001—2011年间起降架次变化的曲线。从图中可以看到，起降架次随着年份的增长呈现出一个比较明显的上升趋势，代表了我国民航运输总量逐年增加。我们可以利用类似的方法，分析出某类安全事件的变化情况，以推断出未来的安全形式，为安全决策作数据支撑。

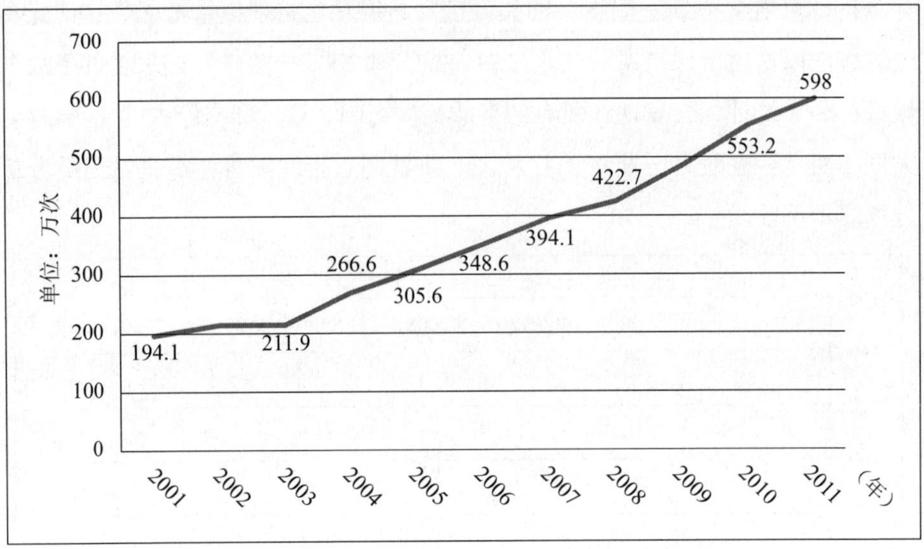

图 2　我国 2001—2011 年民航运输机场起降架次变化

（3）规范性比较。在没有足够的数据支持下，可以依照类似运作情况的真实经验进行比较参考。规范性比较对于安全数据不足的企业来说十分重要。当企业信息不足的时候，可以将自己的信息与行业同类信息放到一起进行数据分析和对比，找到相关不安全事件的致因，为企业解决问题提供抓手。

（4）模拟和测试。在某些情况下，可以通过在实验室中进行模拟和测试，来找到现有类型或新类型的运行、设备或程序对安全的影响。例如在航空公司新开航线的时候，可以通过情景模拟等方法来找到相应的危险源，进而进行风险管理。

（5）专家小组。组织专业的人员对现有的情况进行评估，帮助确定解决当下情况的最佳措施。这个方法也可称作头脑风暴法，利用专家的经验，对当下情况进行评估、判断，找到最佳的决策点。

十一、如何建立安全信息管理系统？

设计安全信息管理系统的出发点在于为企事业单位的安全生产或安全监督服务。所以，安全信息系统不仅要包括实时信息收集、分析，还要结合

SMS的四大支柱，即安全政策、风险管理、安全保证和安全促进。因此，安全信息管理系统主要分为以下五大功能模块：系统管理、安全政策、风险管理、安全保证、安全促进。

（1）系统管理模块是系统的基础管理模块，针对系统账号、角色权限进行管理。

（2）安全政策和安全促进的内容均由公司上级部门统一发布和管理，通过公司级或部门级的手册进行明确。

（3）风险管理模块是SMS的一大特色，风险管理按照PDCA闭环管理理论，以实现生产运行过程中对安全工作的持续改进。在功能设计时，具体子模块为危险源识别和查询、危险源的建立和修订（包含风险分析、风险评价、风险控制）、跨部门的风险管理模块。

（4）安全保证模块实现了对信息的收集、调查、改进的功能，该模块还包括数据分析的功能。结合实际运行情况，实现航空系统安全保证的常用工具和手段，包括各类信息报告、不安全事件调查、监督检查、对问题的纠正预防、飞行品质监控等。

（5）安全促进模块主要由安全培训档案和手册查询这两个小模块组成，主要的设计思路是将公司各类培训的记录进行汇总和整理，使之数据化，方便系统使用人员可在该模块内查询公司、部门、个人的培训详细情况，对各类培训情况做到心中有数，同时也可减少一部分纸质版的记录。

十二、安全信息与安全绩效的关系是怎样的？

安全绩效旨在确定安全管理体系是否按照预期的安全目标运行。当我们需要监测已知安全风险，探测可能出现的安全风险和确定任何必要的纠正行动时，均要使用安全绩效。

安全绩效理论的核心包括安全绩效指标选择、安全绩效指标测量、安全绩效指标的目标值以及警戒值设定。

安全绩效指标选择。企事业单位在选择安全绩效指标时，应当选择适宜的安全绩效指标。所谓适宜的安全绩效指标，是指那些能够有效表征出安全目标的参数，并且是可以获得和测量的。这些目标往往都是与企事业单位安全运行状态高度相关的参数，比如事故和事故征候。另外，还有一些不是事故或征候类的信息，对航空公司来说，QAR 超限事件平飘距离长，可能会造成冲偏出跑道等严重后果，所以平飘距离长可以作为航空公司关注的安全绩效指标。

安全绩效指标测量。在选好安全绩效指标后，为了能够便于进行安全绩效管理，必须对安全绩效进行测量，也就是如何能够量化安全绩效指标。量化安全绩效指标并不是单纯的统计分析，以航空公司为例，比如统计出某段时间（每月或每季度）的 TCAS–RA 告警的次数，而是要综合考虑公司实际运行总量。所以，适宜的安全绩效指标测量应该采用如下公式进行计算：

$$n=\frac{N}{FH}\times 1000$$

其中，n 是安全绩效指标量化表示，即安全绩效指标值，N 代表 TCAS–RA 发生的次数（每月或每季度），FH 表示飞行小时数（每月 / 每季度）。上述公式给出了某安全绩效指标的量化结果。当然，量化方法并不局限于上述公式的方式，但是总体原则是要考虑运行总量的变化所带来的相对变化，这才是科学合理的方式。

安全绩效指标目标值及警戒值。要对安全绩效进行持续监控，检验当前的安全管理水平，必须设定合理的安全绩效目标，并使当前的安全绩效（用上述公式形式来量化）与之比较，并设立超出既定目标时的告警机制，使企业能及时地发现问题并提出解决方案。对安全绩效的监控是在某个时期内实施的，如一年，这里我们称为监测期。在监测期内，安全绩效目标是以“历史同时期”的数据为基础的，如上一年。比较客观的方法是取上一年 12 个月的平均值作为安全绩效目标。安全目标改进也比较容易实现，如把新监测期（当年）的目标平均值定为低于（好于）前一时期的平均值 5%。

而要实现告警机制，就要选取适当的警戒值。这个警戒值表示的某一特定安全绩效指标从可接受到不可接受的绩效范围的通用标准。告警机制的设定可以有多种方式，这里我们采用三种方式来告警。为直观起见，我们以图 3 为例来解释。

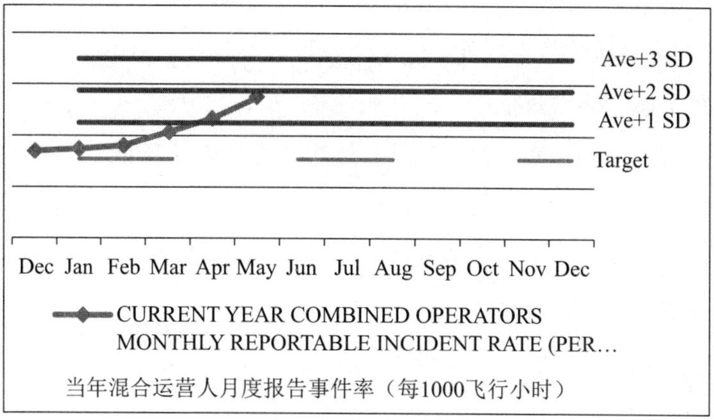

图 3　安全绩效指标和警戒值设定

方式一。在图 3 中，警戒值可以是目标值，如图中表示 Target 的虚线。一旦超过 Target 值，系统就会出现告警信息。

方式二。在图 3 中，警戒值可以有多个，我们可以对相应的历史数据进行统计分析，得到平均值 Ave 和标准差 SD。如果用红、黄、绿来表示严重程度，那么绿色表示可以接受的安全水平，即图 3 中的 Target 以下的部分；当某个实时安全绩效指标超出安全绩效目标，但是不超出 Ave+1SD，这里为黄区，表示要采取措施以防恶化；当某个实时安全绩效指标超出 Ave+1SD，我们视为红区，该区表示绝对不可容忍区域，必须加大力度进行整改。

方式三。如果以下任何条件在当前监测期（当年）内得到满足就预示为告警（不正常 / 不可接受的趋势），仍以图 3 为例。

——任何单点在 3 个标准偏差线之上；

——两个连续点在 2 个标准偏差线之上；

——三个连续点在 1 个标准偏差线之上。

在告警被激发后，就需采取合适的后续措施，如进行进一步分析，确定发生异常事故征候率的原因和根源，以及应采取何种必要行动来解决这种不被接受的趋势。当然上述方式只是选取安全目标和警戒值的一些方式，其他有效的方式也都可以用来进行这些相关值的选取和确定。

参考文献

[1] 民用航空安全信息管理规定 [S]. 交通运输部，2016.

[2]《国际民航公约》附件 13[S]. 国际民航组织，2010.

[3] 民用航空器事故征候 [S]. 民用航空局，2015.

[4] 孙瑞山，刘俊杰. 航空安全自愿报告系统在中国的发展与展望 [J]. 空中交通管理，2007,(1): 4-7.

[5] 谢孜楠. 飞行记录器在民航飞行安全中的应用 [C]. 全国航空航天装备失效分析会议, 2000.

[6] 李继承等译. 民航安全管理体系实施 [M]. 北京: 中国工人出版社，2015. 94-101.

[7] 安全管理手册 (SMM)[S]. 国际民航组织，2013.

[8] 人体损伤程度鉴定标准 [S]. 最高人民法院、最高人民检察院、公安部、司法部，2014.

[9] 中国民航运输飞机发动机空中停车失效模式研究 [R]. 民用航空局航空安全办公室，2014.

第三章

安全管理基本原理及事故致因模型

一、什么是危险源、事故隐患和事故？三者有何关联？

（1）**危险源**：泛指可能导致事故发生的潜在的不安全因素。一般来说，我们可以把危险源分为两类。

第一类危险源：根据能量意外释放理论，能量或者危险物质的意外释放是伤亡事故发生的本质，所以我们把可能发生意外释放的能量、能量载体或者危险物质称为第一类危险源。第一类危险源是事故发生的能量主体，决定事故后果的严重程度。

第二类危险源：导致能量或危险物质的约束或者限制措施破坏或失效、故障的各种因素，称为第二类危险源。主要包括物的故障、人的失误和环境因素等。第二类危险源是第一类危险源造成事故的必要条件，决定事故发生的可能性。

（2）**事故隐患**：指一切可能对生产或者运行系统带来损害的不安全因素。事故隐患不等同于事故，它是事故发生的必要条件，不是充分条件。当事故隐患被意识到时，要努力消除这些隐患；但如果因为客观条件（经济条件、技术条件、制度条件等）限制不能消除这些隐患，那么也要尽可能地采取措施降低其危险性或延缓其危险性增长的速度，减少触发成为事故的概率。

（3）**事故**（源于 Berckhoff）：是指人在为实现某种意图而进行活动的过程中，突然发生的、违反人的意志的、迫使活动暂时或永久停止的事件。换句话说，事故是一种动态事件，它开始于危险源的激化，并形成事故隐患，同时因一系列原因事件导致其按一定的逻辑顺序发展，造成对人的伤害、死亡、职业病或设施设备等财产损失和其他损失的意外事件。

（4）**三者关联**：危险源是民航日常运行过程中必然存在的，如果不加控制会发展为事故隐患，而事故隐患只有在某些条件触发的情况下才会发生事故。需要强调的是，运行中没有绝对的安全，危险源是不可避免的，现实中不可能消除所有危险源。由于人的认知能力有限，我们甚至不能识别出所有的危险源及其风险，而且随着科学技术的发展，新技术、新材料、新能源都会带来新的危险源。因此，安全管理工作就是要及时、准确地识别危险源，并有效地控制它们。如果危险源已经发展成为事故隐患，那么要努力消除这些隐患，至少要降低隐患的危险性或其发生的可能性，不能等到演变成事故再后悔莫及。

二、什么是安全管理四大原理，如何在民航安全管理工作中应用？

安全管理四大原理有：系统原理、人本原理、预防原理和强制原理。

（1）**系统原理：**指运用系统的观点、理论和方法对管理工作进行充分的系统分析，以达到安全管理的优化目标，即从系统论的角度来认识和处理企业管理中出现的问题。比如，张三在机务维修过程中伤到了手指，如果说直接原因是没有戴防护手套，那么直接的安全管理措施就是让他戴上手套。但是，强令张三戴手套并没有解决根本问题，类似的事情还可能会发生在其他人身上，我们并没有从根本上预防类似事件的发生。系统原理告诉我们，要从运行系统的整体角度来分析问题。事故的根本原因可能是没有进行安全培训、缺乏对安全操作规程的系统认识或者缺乏有效的安全监控措施等。因此，只有利用系统原理找到引发事故的根源，才能做到真正有效地预防和减少事故。

（2）**人本原理：**以人为主体、以调动人的积极性为根本，就是人本原理。在管理活动中坚持一切以人为核心，以人的权利为根本，强调人的主观能动性，力求实现人的全面、自由发展，其实质就是充分肯定人在管理活动中的主体地位和作用。同时，通过激励调动和发挥员工的积极性和创造性，引导员工去实现预定的目标。比如，既要认识到新员工对工作内容和环境不熟悉、工作经验缺乏等缺点，同时也应当看到新员工对新工作的好奇心，利用以老带新的机制，引导其勤学好问、积极向上。这样，既能快速培养新员工，又能建立良好的团队氛围，同时发挥资深员工的带头作用，使得老员工有实现个人价值的成就感。

（3）**预防原理：**安全管理工作应当以预防为主，即通过有效的管理和技术手段，减少和防止人的不安全行为和物的不安全状态出现，从而使事故发生的概率降到最低，这就是预防原理。我们分析民航事故致因的过程，建立模型去分析它，就是为了辨析导致事故发生的各类原因，尽可能在事前预防，避免事故的发生。

（4）**强制原理：**采取强制管理的手段控制人的意愿和行动，使个人的活动、行为等受到安全管理要求的约束，从而实现有效的安全管理，这就是强制原理。所谓强制，就是被管理者必须绝对服从，不必经被管理者同意便可采取控制行动。一般来说，管理都有一定的强制性。不强制便不能有效地抑制被管理者的无拘个性，无法将整个团队或企业朝着同一个目标努力，更无法保障安全运行。

三、如何运用系统原理中的各个原则分析事故原因？

系统原理包括五大原则：动态相关原则、整分合原则、反馈原则、封闭原则和弹性原则。

（1）**动态相关原则：**是指任何安全管理系统的正常运转，不仅要受到系统自身条件和因素的制约，而且还要受到其他相关因素的影响，并随着时间、地点及人们的不同努力程度而发生变化。做好安全管理工作，必须要掌握与安全有关的所有对象要素之间的动态相关特征，并做好信息反馈工作，及时地掌握企业安全运行动态。

（2）**整分合原则：**是指为了实现高效的管理，必须在整体规划下明确分工，在分工基础上再进行有效整合。以航空公司为例，既然公司的整体目标是安全运行，效益最大化，那么全公司就应当以此为目标进行各部门任务分解，财务部、人事部、运控部门、安全管理部门等各司其职，最终还是回到公司的整体目标上。为了利益最大化导致排班时间不合理，影响到飞行机组的正常休息，疲劳导致工作反应能力急剧下降的案例屡见不鲜。因此，在作任何工作决定时，应该以整分合原则为准绳，既考虑到部门的分任务，也应当牢记整个企业的总目标，一味地追求经济效益而背弃安全这种饮鸩止渴的做法不可取。

（3）**反馈原则**：是指被控制过程对控制机构的反作用。安全管理中常用的 PDCA（Plan 计划、Do 实施、Check 检查、Action 处置）循环改进提高的过程就是反馈原则的应用。持续的监督和反馈是保障安全运行的不二法则，只有信息的有效反馈才能使系统中各部门顺畅沟通协作，如有偏差或者困难，也能及时纠正或解决。

（4）**封闭原则**：是指任何一个系统的安全系统手段、安全管理过程必须形成一个连续封闭的回路，才能成为有效的管理活动。民航是一个大系统，不仅从设计、施工、验收到运行、日常维修检查保障等环环相扣，并且航空公司、机场、空管、航油航食等其他保障单位形成了一个相对封闭的民航系统，必须保证物质、能量、信息在民航系统内部实现自律化与合理流通，才能保障整个民航系统的安全有效运行。

（5）**弹性原则**：是指对系统外部环境和内部情况的不确定性给予事先考虑，在充分认识和推断的基础上，在制定目标、计划、策略等方面，相应地留有余地，有所准备，以增强系统的可靠性及对未来的应变能力。任何系统在设计之初都不可能达到完美，因此根据弹性原则，应当设置合理的弹性区间，以便根据政策变化、技术革新、人员变动等条件变化进行适当调整。

四、如何采用“以人为本”的思想进行安全管理？

要想做到“以人为本”，必须遵循以下三项基本原则。

（1）**能级原则**：一个稳定而高效的安全管理系统必须是由若干具有不同能级的不同层次有规律地组合而成的安全管理结构。不同层次能级不同，使命不同，必须划分清楚。比如董事长级别的领导应当将主要精力放在整个公司的宏观政策及未来发展方向的确定上，中层管理者应当将精力放在具体的规程及绩效考评、人事选拔等事务上，而一线员工操作层就应当干好自己的本职工作，一般都是具体任务，如机务维修、空中交通管制等。各个层级各司其职，做好自己所在能级应当做好的工作，才能保证整个系统正常运行。

（2）**动力原则**：只有强大的动力，才能使管理系统得以持续、有效地运行。一般来说，动力包括三方面：物质动力、精神动力、信息动力。①物质动力指管理系统中员工获得的经济利益以及组织内部的分配机制和激励机制；②精神动力包括对理想和事业的追求、高尚的道德情操、人生价值的实现等，特别是世界观、人生观、道德观的动力作用，能够影响人的终生；③为员工提供大量的信息，通过信息资料的收集、分析与整理，得出科学成果，创造社会效益，使人产生成就感，这就是信息动力的体现。

（3）**激励原则**：激励-保健因素理论是美国的行为科学家Fredrick Herzberg提出来的，这是激励原则的理论根源。他告诉我们，满足人类各种需求产生的效果通常是不一样的。物质需求是最低级的激励，它的作用往往是很有限的，不能持久。要调动人的积极性，不仅要注意物质利益和工作条件等外部因素，更重要的是要从精神上给予鼓励，使员工从内心情感上真正得到满足。最有效的激励往往源于人的内心，如果可以让员工把工作当作事业和兴趣来做，那么必然可以激发每一个人心中最强大的动力，也就是最高级的激励了。

五、如何预防事故？

东汉思想家荀悦有云“防为上，救次之，戒为下”，意思就是预防是上上策，事后补救是下策，惩罚则是下下策，这恰恰与我们安全管理中的预防原理不谋而合。既然防患于未然是最高效的安全管理手段，那么我们怎样才能做到预防为主呢？有四大原则可以借鉴：偶然损失原则、因果关系原则、3E原则、本质安全化原则。

（1）**偶然损失原则**：事故发生的后果（人员伤亡、健康损害、物质损失等），以及后果的大小如何，都是随机的，是难以预测的。比如，类似机型和配载物资、人员的飞机失事事故，并不一定产生相同的事故后果，有的机毁人亡，有的只是轻微擦伤或者重着陆，这就是事故损失的偶然性。这个原则强调，在安全管理实践中，一定要重视各类事故，包括事故征候及事故隐患，只有连事故隐患都控制住，才能真正预防重大事故损失的发生。

（2）**因果关系原则：**因果关系是指事物之间存在着一个事物是另一个事物发生的原因的关系。事故是许多因素互为因果连续发生的最终结果。一个因素是前一因素的结果，而又是后一因素的原因。事故的因果关系决定了事故发生的必然性，只是时间或迟或早而已，这就是因果关系原则。掌握事故的因果关系，砍断事故因素的环链，就消除了事故发生的必然性，才可能防止事故的发生。

（3）**3E 原则：**造成人的不安全行为和物的不安全状态的主要原因可归纳为技术原因、教育原因、身体和态度的原因、管理的原因四个方面。针对这四个方面的原因，可以采取三种防止对策，即工程技术（Engineering）对策、教育（Education）对策和法制（Enforcement）对策。

（4）**本质安全化原则：**本质安全化原则来源于本质安全化理论，是指从一开始和从本质上实现安全化，就可以从根本上消除事故发生的可能性，从而达到预防事故发生的目的。所谓本质上实现安全化，指的是设备、设施或技术工艺含有内在的能够从根本上防止事故发生的功能。本质安全化是安全管理预防原理的根本体现，也是安全管理的最高境界，实际上目前还很难完全做到，但是我们应该坚持这一原则。

六、如何运用强制原理?

尽管在安全管理工作中我们强调系统思维，以人为本，预防为主，但是毕竟人无完人，如果没有强制性手段，还是无法达到安全运行的实际效果。为了确保安全，可以遵循两项强制原则：安全第一原则、监督原则。

（1）**安全第一原则：**安全第一就是要求在进行生产运行活动的时候把安全放在一切工作的首要位置。当安全与生产运行工作发生矛盾时，要以安全为主，生产运行和其他工作要服从安全，这就是安全第一原则。作为强制原理范畴中的一个原则，安全第一应该成为我们民航系统每个单位和个人的统一认识和行动准则。谁违反了这个原则，谁就应该受到相应的惩处，应该无条件地、毫不动摇地遵循这一原则。

（2）**监督原则**：为了促使各级生产管理部门严格执行安全法律、法规、标准和规章制度，保护职工的安全与健康，实现安全生产，必须授权专门的部门和人员行使监督、检查和惩罚的职责，以揭露安全工作中的问题，督促问题的解决，追究和惩戒违章失职行为，这就是安全管理的监督原则。

安全管理带有较多的强制性，如果只要求执行系统自动贯彻实施安全法规，而缺乏强有力的监督系统去监督执行，则法规的强制威力是难以发挥的。随着社会主义市场经济的发展，企业成为自主经营、自负盈亏的独立法人，国家与企业、企业经营者与职工之间的利益差别，在安全管理方面也会有所体现。它表现为生产与安全、效益与安全、局部效益与社会效益、眼前利益与长远利益的矛盾。企业经营者往往容易片面追求质量、利润、产量等，而忽视职工的安全与健康。在这种情况下，必须建立专门的监督机构，配备合格的监督人员，赋予必要的强制权力，以保证其履行监督职责，保证安全管理工作落到实处。

七、什么是事故频发倾向理论？对于安全管理有何借鉴意义？

1919年，英国的M.Greenwood和H.H.Woods把许多伤亡事故发生次数按照泊松分布、偏倚分布和非均等分布进行统计和分析后发现，当发生事故的概率不存在个体差异时，一定时间内事故发生次数服从泊松分布。一些工人由于存在精神或心理方面的缺陷，如果在生产操作过程中发生过一次事故，当再继续操作时，就有重复发生第二次、第三次事故的倾向，符合这种统计分布的主要是少数有精神或心理缺陷的工人，服从偏倚分布。当工厂中存在许多特别容易发生事故的人时，发生不同次数事故的人数服从非均等分布。

在此研究基础上，1939 年，Farmar 和 Chamber 等人提出了事故频发倾向理论。事故频发倾向是指个别容易发生事故的稳定的个人内在倾向。事故频发倾向者的存在是工业事故发生的主要原因，即少数具有事故频发倾向的工人是事故频发倾向者，他们的存在是工业事故发生的原因。如果企业中减少了事故频发倾向者，就可以减少工业事故。

尽管事故频发倾向论把工业事故的原因归为少数事故频发倾向者的观点是错误的，但是从职业适合性的角度来看，关于事故频发倾向的认识也有可取之处，如在员工入职之前应当对其性格及擅长项目进行分析，将合适的人员安排到适合的岗位上。例如，做事特别认真、细致的人员可以安排在安全检查或者隐患排查岗位；时常有好点子和创意，但是不够细心的人员可以安排在设计或者营销岗位。

八、什么是海因里希事故因果连锁模型?

1931 年，美国人 Heinrich 提出了海因里希事故因果连锁理论，其核心思想是：伤亡事故的发生不是一个孤立的事件，而是一系列原因事件相继发生的结果，也就是说，伤害与各原因之间具有连锁的关系。形象地说，可以用五块多米诺骨牌（遗传与环境、人的缺点、人的不安全行为或物的不安全状态、事故及伤害）来表示，如果第一块骨牌倒下，即第一个原因发生，则发生连锁反应，后面的骨牌相继被碰倒。

由于民航运行体系相当复杂，各个骨牌之间的连锁关系也更加复杂，甚至有一定程度的随机性。也就是说前面的骨牌倒下，后面的骨牌可能倒下，也可能不倒下。不安全行为和不安全状态也不是必然会导致事故，而事故也不是全部都会造成伤亡。

海因里希因果连锁理论的积极意义在于，如果移去中间的某一块骨牌，则连锁被破坏，事故过程会被终止。也就是说，我们的安全管理工作重心就是要移去中间的骨牌，防止人的不安全行为或者消除物的不安全状态，从而中断事故连锁的发生，避免事故。以 1985 年日本航空 123 号航班空难为例，事故的直接原因是事件发生的7年前，该飞机着陆时受损，维修时换了机身尾部伞状结构上面的两块板，设计的连接方式是双层固定，维修时却采用了单条固定方式。于是，当飞机爬升到7300米后，空气越发稀薄，客舱不断加压，机身尾部两侧压差越来越大，终于承受不住而断裂。维修时人的不安全行为导致了物的不安全状态（单条固定的连接方式），使飞机尾部承受压力的能力未达到设计要求导致隐患演变成了事故。如果在之后7年间的上万次检查过程中发现了这个事故隐患，并在板材断裂之前及时维修，那么就有可能避免机毁人亡的惨剧发生。

九、什么是瑞士奶酪模型？如何运用它来分析事故原因？

瑞士奶酪模型是由James Reason教授提出的，他认为事故就是突破了多重防范措施导致的。当组织机构、工作场所、人员和防范等一系列因素不足产生的空洞对齐，光线贯穿层层奶酪的时候，是事故发生的必要条件。即只要堵住其中某一块奶酪上的空洞，不让光线贯穿就可以阻止事故发生。这点与海因里希事故致因理论是不谋而合的，只要抽出中间的某一块骨牌，最后的骨牌就不会倒下，事故就不会发生。

以民航史上最惨烈的事故为例，1977年3月27日，两架B747（荷兰皇家航空KLM4805和泛美航空PA1736）在Tenerife机场跑道上相撞，导致583人丧生，61人生还。从瑞士奶酪模型中的四个方面进行原因分析如下：

（1）人员。

① KLM4805在未得到起飞指令的情况下起飞，且机长承担着时间上的压力；

② PA1736错误地在C4滑出，而非C3（指令为在第三个道口转弯，容易产生误解）；

③ KLM4805副驾驶使用不标准的通话用语（“We are now at take off.”）；

④塔台管制员的回答太口语化了（“OK”），而且由于塔台与两个机组同时喊话导致呼啸声，后面更重要的信息“Stand by for take off. I will call you.”

被呼啸声掩盖了，于是 KLM4805 机组只听到了“OK”，误以为可以起飞了。

（2）工作场所。

①机场被迫接受大量大型飞机，导致滑行道不能正常使用；

②机场标记牌不齐全；

③当天机场大雾，能见度低。

（3）组织管理。KLM4805 机组搭配梯度过陡，副驾驶的提示对于机长完全不起作用。

（4）防范。机场无场面监视画面，管制员无法动态监控。

使用瑞士奶酪模型，可以揭示出事故发生前，系统中的潜在状况是如何存在的，并经诱发因素显现出来。通过分析可以发现安全管理工作中的各项防范措施有何漏洞，以指导我们有针对性地查漏补缺。

十、什么是能力意外释放理论？

1961 年 Gibson 提出了事故是一种不正常的或不希望的能量释放，各种形式的能量是造成伤害的直接原因。因此，应该通过控制能量或控制作为能量达及人体媒介的能量载体来预防伤害事故。在 Gibson 的研究基础上，1966 年 Haddon 完善了能量意外释放理论，提出“人受伤害的原因只能是某种能量的转移”，并提出了能量逆流于人体造成伤害的分类方法。他将伤害分为两类。

第一类伤害是由于施加了局部或全身性损伤阀值的能量引起的；

第二类伤害是由影响了局部或全身性能量交换引起的，主要指中毒窒息和冻伤。

Haddon 认为，在一定条件下某种形式的能量能否产生伤害、造成人员伤亡事故取决于能量大小、接触能量时间的长短和频率以及力的集中程度。

因此，根据能量意外释放论，可以利用各种措施来防止能量转移的意外，从而防止事故的发生，如本质安全设计、容错设计、保护性设计、告警设计等。其中，本质安全设计从源头上控制甚至消灭危险源，是最有效的方式。例如，飞机制造材料用不可燃材料替代可燃材料；给飞机加油时，飞机必须处于关闭状态，也不能同时让旅客登机，即从时间和空间上将人与能量隔离。容错设计就是允许人出错的情况下，设备依然可以正常运行；保护性设计即设置屏蔽设施，比如机场的围界就是将机坪区域与外界隔离开来；告警设计包括设置指示牌、灯光、报警装置等。

十一、遇到危险应当如何正确应对？

遇到危险时，如果可以正确、及时地认识、理解、判断系统传递的危险信息，并作出正确的决策和采取行动，就能化险为夷，避免危险释放造成事故和伤亡；反之，如果未能及时察觉危险，或判断错误而未采取正确的行动，就会发生事故和伤亡。关于如何正确应对危险，瑟利事故模型给出了答案。

瑟利事故模型认为，人在处理信息的过程中出现失误而导致人的行为失误，进而引发事故。他把事故发生的过程分为两个阶段：危险出现阶段和危险释放阶段，每个阶段都是类似的 6 个问题（①对危险的出现有警告吗？②感觉到这个警告了吗？③认识到这个警告了吗？④知道如何避免危险吗？⑤决定要采取行动吗？⑥能够避免吗？）。

在危险出现阶段，如果人对信息处理的环节正确，危险就能被消除或得到控制。反之，只要任何一个环节出错，就会使操作者直接面临危险，进入危险释放阶段。在危险释放阶段，如果人对信息处理的环节正确，那么虽然面临已经显现的危险，仍然可以避免危险释放出来，不会带来伤害或者损坏。否则，只要有一个环节出错，危险就会转化成为伤害或损坏。

以 1982 年白云机场的事故为例，某航班有一名旅客在机上吸烟，不慎将烟头掉在地板上而起火，这就是危险的出现阶段；但是客舱人员未能及时感觉、认识及作出行为响应，导致了危险未能在出现阶段得到控制，飞机面临危险，进入危险释放阶段。在广州机场五边进近飞行时，才发现客舱冒烟，机组判断为电器起火，这是对面临的危险判断错误，于是采取了错误的行动，切断总电源，飞机落地采用紧急刹车，并在联络道口处将飞机成功停稳，旅客开始从前舱门放下的工作梯撤离，但撤到第 11 名旅客时，舱内烟雾变浓并转为明火，导致25人遇难，飞机完全报废。如果客舱人员及早发现，并正确判断起火原因，使用灭火器灭火，那么这起事故是有可能避免的。此后，中国民用航空局颁布了《民用机场和民用航空器内禁止吸烟的规定》，从源头上防止此类火灾引发的航空事故。

十二、轨迹交叉理论对于事故的事前预防和事后调查有什么帮助？

轨迹交叉理论的基本思想是：伤害事故是由许多相互联系的事件顺序发展的结果，这些事件概括起来不外乎人和物两大发展系列。当人的不安全行为和物的不安全状态于各自发展过程中，在一定时间和空间发生了交叉接触，能量转移到人体，就会导致伤害事故的发生。

轨迹交叉理论反映的是绝大多数情况，在实际生产过程中，只有少量的事故仅仅是由人的不安全行为或物的不安全状态引起的，绝大多数的事故是与两者同时相关的。而且在人和物两大系列发展过程中，两者相互关联，互相影响。有时，人的不安全行为可能促进了物的不安全状态的发展，或者导致新的不安全状态的产生，而物的不安全状态也可能引发人的不安全行为。轨迹交叉理论作为一种事故致因理论，强调的是人的因素和物的因素在事故致因中有同样重要的地位。

按照该理论，预防事故可以通过避免人和物两种因素运动轨迹交叉来实现。同样，在航空事故调查时，也可以从人和物两种因素的运动轨迹交叉来考虑导致事故发生的起因、事故的发展线索等。

十三、什么是SHEL模型？

航空系统是一个相对复杂的系统，包括很多子系统和组成因素，系统中各组成部分之间的关系可以归纳为四部分：软件（Software）即程序、培训、支持等；硬件（Hardware）即机器、设施设备；环境（Environment）即系统运作的工作环境；人（Lifeware）即工作场所的人员。

其中，人是SHEL模型的核心。虽然人适应性强，但是也具有一定的不确定性，无法像硬件一样标准化设定。因此，我们应当格外关注人与软件、硬件、环境之间的衔接匹配关系。

（1）人与软件。人与软件界面指的是人与各种支持系统之间的关系。例如，规章、手册、检查单、标准操作程序（SOPs）以及计算机软件等。它还包括最新的经验、准确性、格式和描述方式、用语、清晰度和符号表示等问题。

（2）人与硬件。人与硬件界面指的是人与设施设备等物理属性之间的关系，虽然很多人机界面是参考了人在航空运行系统中的表现而设计的，但是依然存在着很多人与硬件界面不匹配的情况。实际运行过程中，这种设计缺陷只能靠人去适应设施设备，造成了严重的安全隐患，而且非常不人性化，是我们安全管理工作中本质安全的整改重点。

（3）人与环境。人与环境界面涉及人与内外部环境的关系。内部工作环境包括温度、湿度、光线、噪声、震动、空气质量等对身体产生影响的因素；外部环境包括天气因素、航空基础设施及地形等方方面面。人与环境的关系如果处理不恰当，轻则引发疲劳，重则导致职业病甚至危及生命安全。实际运行过程中，不良的人与环境的关系可能会影响到运行决策，在工作压力下为了缓解这些不合适的关系，还可能发展成为所谓的“变通”，偏离运行标准来保证执行效率等，严重威胁安全这道红线。

（4）人与人。人与人的界面指的是工作中人与人之间的关系。航空系统中，无论是飞行机组、管制员、维修工程师，还是其他工作人员，都是以团队的方式在工作。因此，良好的团队沟通和人际技巧、团队文化等，都会直接关系安全工作的效果，也是我们安全管理工作关注的重点。

十四、常见的事故心理一般包括哪些？

在日常运行过程当中，可能造成事故的心理因素很多，有直接导致事故发生的，也有间接导致事故发生，类型复杂多样，主要可以归纳为十种：侥幸心理、麻痹心理、偷懒心理、逞能心理、莽撞心理、心急心理、烦躁心理、粗心心理、自满心理和好奇心理。

（1）侥幸心理。如某维修工人平时都坚持穿反光背心工作。有一天，在值夜班临时有人找他，因为匆忙，忘了穿反光背心就直接上了机坪，他以为就一会儿工夫，晚上航班也不多，不会出事。结果由于夜间有雾，能见度差，差点儿被机坪车撞到。

（2）麻痹心理。如某厂卷扬机女工平时总用手拨大卷筒上卷乱了的钢丝，经常如此且没出过事故，所以产生了麻痹心理，但是事故无情，某天钢丝绳把她的手卷了进去。

（3）偷懒心理。如很多工作岗位都有所谓的工作“窍门”，其实就是偷工减料、偷懒的办法。偷懒心理不仅无益于工作，更将生命和财产置于不安全的境地。

（4）逞能心理。如某飞行员认为自己技术过硬，而且是一名勇敢的试飞员，在一天未达标的雷雨天气下逞能，强行进近落地，结果冲出跑道，导致重大事故。

（5）莽撞心理。如不停航施工时，翻修地面不平，有不少凹坑，本可以绕道多走几步，但是某工人高估了自己的能力，以为可以跨过去，结果落入了废石坑中，脊柱严重受损。

（6）心急心理。如某机务人员，平时坚持按照操作手册工作，某天家里突然有急事，于是着急完成工作离开，认为跳过某几个步骤没事，反正平时这些环节也都很清楚，结果就因为没有按照SOP逐项检查，导致飞机失事的惨重后果。

（7）烦躁心理。如某飞行员执行航班前刚跟家人吵了一架，心中委屈、不平、气愤，心情非常烦躁，在这种情况下，如果不能及时调整好心态，就极有可能操作失误，将整个飞机陷入危险的境地。

（8）粗心心理。如某割草机操作人员下班后忘了切断电源，按钮开关也掉在草坪上未拾起来，半夜下雨，开关头浸入雨水形成通路，启动了割草机，结果推倒了驱鸟架及指示牌等，砸坏了指示灯和跑道道面，导致跑道临时关闭。

（9）自满心理。如工作多年的电工自以为技术过硬而自满，对规定抱着无所谓的态度，在拆除电线时未切断电源而被电击倒在地。

（10）好奇心理。如不少年轻人对于从未接触过的设备很是好奇，有位工人出于好奇，擅自驾驶从未驾驶过的场道车，结果剐蹭了停靠在旁边廊桥的飞机，造成了个人难以承受的经济损失。

十五、事故心理与发生事故存在什么关系?

事故心理包括的范围极其广泛，从感觉、知觉、记忆、想象到思维；从情绪、感情到意志力；从兴趣、习惯、能力、气质到性格个性等。事故心理因素相互关联作用，综合影响着事故的发展。

（1）气质性格。人通过视觉、听觉、嗅觉、触觉等接收外部信息，通过中枢神经刺激，作出判断及相应行为。但是相同的外部信息刺激未必会导致人们采取相同的行动。这是由于先天的素质和后天的生活环境对人的性格影响大不相同，从而展现出不同的心理状态。因此，人的气质、性格上的特点与发生事故有一定关系。

（2）情绪水平。由于受到外部环境影响，人会产生忧郁、恐惧等心理，这也是发生事故的重要心理因素。例如，家人生病、经济困难甚至欠债无力偿还、人际关系不和协等，都会造成严重的心理负担。持这种心理状态的人，在工作当中带着抑郁、苦闷、无力的心情，导致工作心不在焉、不辨左右、不查对错，一旦发生突发状况，能量分配不适当，发生事故的概率就比较高。

（3）动机。动机是人们追求某一目标的动力。动力有很多种，如经济动力、社会动力、自我实现动力及综合动力等。现代动力理论认为，虽然动机的种类和层级有一定规律，但是人与人之间的动机有差别，一个人在不同时间受激励的动机也不同。对员工的鼓励要尽可能地考虑到每个人的具体情况和特点。对事故的预防也是如此，因为一个人在作任何决定时，往往想实现个人利益最大化，不会作出对自己明显不利的决定。

预防事故时，考虑到人都会首先想到自己这个基本动机，安全管理工作就应该把事故后果的严重性以及安全受益人是员工本人这一点清楚地告知，并采用多媒体等方式时刻敲响安全警钟。

十六、如何防控事故心理，从而达到避免事故发生的目的?

事故心理的控制就是通过消除造成事故的心理状态，以达到控制人的不安全行为，保证安全运行的目的。

（1）消除低沉心理。为家庭负担所累、工作不如意、婚姻受阻等都可能导致情绪低落，思想难以集中。如果发现员工有类似的心理状态，应及时疏导缓解，切勿带着情绪工作。

（2）控制兴奋心态。新婚宴尔、老友聚会、工作受到嘉奖、研究取得重大进展等，都会产生兴奋情绪，如果忘乎所以，就容易粗心大意出差错。因此，遇到喜事需要控制兴奋情绪，尤其在安全问题上一定要防止乐极生悲。

（3）抑制好奇心理。好奇是人类的正常心理，但是如果过分好奇，甚至猎奇，仗着自己胆子大，什么设施设备都摸一摸、试一试，就会成为无知者无畏。因此，一定要避免不懂却蛮干的不安全行为。

（4）消除急躁心理。一鼓作气的冲劲固然是好，但是临近下班着急把手头的活儿干完，此时往往是事故的高发时段。因此，一定要警惕顶着时间压力或者想赶紧结束工作时容易犯错这一规律，时刻提醒自己，消除急躁的心理，严格按照规程操作。

（5）缓解抵触情绪。如果对某件事情有意见，对某个人不满，或是被领导批评，都有可能产生消极抵触情绪，甚至破罐子破摔，工作敷衍了事。安全运行无小事，我们千万要警惕这种消极抵触情绪，一旦发现，应及时与其谈心，了解清楚情况，化解这种不良情绪。

（6）控制厌倦心理。喜新厌旧是人之常情，但是如果对待工作，总是想干惊天动地的大事，不愿意做琐碎的、平凡的、单调重复的工作，那么就会出现厌倦心烦甚至烦躁的心理，导致失误。因此，应该鼓励员工在日常工作的重复和琐碎中找到成就感和快乐，归根结底，还是要加强企业文化建设，尤其是安全文化建设。

参考文献

[1] 金龙哲，宋存义. 安全科学原理 [M]. 北京：化学工业出版社，2004.

[2] 李树刚. 安全科学原理 [M]. 西安：西安工业大学出版社，2008.

[3] 罗云. 安全行为科学 [M]. 北京：北京航空航天大学出版社，2012.

[4] 林柏泉. 安全学原理 [M]. 北京：煤炭工业出版社，2006.

[5] 吴穹，许开立. 安全管理学 [M]. 北京：煤炭工业出版社，2006.

[6] 金龙哲，杨继星. 安全科学原理 [M]. 北京：冶金工业出版社，2010.

[7] 邵辉，赵庆贤，葛秀坤等. 安全心理与行为管理 [M]. 北京：化学工业出版社，2011.

[8] 栗继祖. 安全行为学 [M]. 北京：机械工业出版社，2013.

[9] 邵辉，邢志祥，王凯全. 安全行为管理 [M]. 北京：化学工业出版社，2015.

第四章

航空安全中的人为因素

一、什么是人为因素？

对于人为因素的定义有很多。如下是几个有代表性的定义：人为因素是指与人有关的任何因素（ICAO/Doc9683）；人为因素是对人与人、人与机器之间互动关系的“科学研究”（ICAO/附件六）；人为因素是理解和提高人在工作环境下（尤其是复杂系统中）的绩效的知识（James Reason）；人为因素是通过了解人的能力与限制，使人与系统的设计及要求相匹配，指导人与系统在要求相互矛盾时如何处置相互之间的关系，从而改善系统的安全性，防范可能出现的事故（Hopink，1995）。

ICAO在第227号通告中给出的人为因素的定义为：人为因素是关于人的科学，研究工作和生活中人的表现（能力和局限），以及人与人、人与硬件（设备）、人与软件（程序手册等）和周围环境之间的关系。航空人为因素涉及航空系统中人的所有表现，其根据系统工作原理，通过系统地应用人的科学，以寻求人的最佳表现，实现安全和高效两大目标。

根据定义，这其中有三大基本要素：

（1）人是航空系统的核心，也是最关键的要素。因此，人为因素中最关键的一点是理解人为表现的能力与局限，以及人在单独工作和团队工作的行为表现规律。

（2）人为因素研究内容主要是解决人与人、人与硬件、人与软件、人与环境之间的关系问题。其中，人与人的关系是指人与人之间的交流与沟通，人与组织界面的相互影响。

（3）人为因素研究应该采用系统工程的观点，即人在相互影响的系统中工作时，需要充分理解系统工作的目标、方法、存在的困难，积极寻找系统中的缺陷，对系统中存在的安全隐患进行分析和评估，有针对性地采取措施，提高系统安全性和有效性，防止事故发生。

人为因素研究主要借用心理学、生理学、工程学、系统工程学、社会学和统计学等知识，以解决在生产实践中可能发生的人类表现不佳的实际问题，具有很强的实践性。

二、人为因素学的发展历程是什么？

人为因素学的形成和发展主要依靠心理学和人机工效学的发展。

人类首次制造工具始于5000多年前，将斧头手柄制作成适合手的大小和形状以便提高工作效率，可视为人为因素的早期运用和萌芽。

19世纪八九十年代，Taylor和Gibureth在工业界分别进行了时间知觉和运动知觉的研究；Gloton和Cattell则分别对人类的智力差异、感觉与运动能力产生了浓厚兴趣。这些研究试图探索人类时间知觉和运动知觉的形成原理以及影响因素，以及人类智力的遗传与环境、教育等问题，它们可视为人为因素研究的开端。

第一次世界大战（1914—1918年）的爆发促进了人为因素研究的发展，使人为因素成为提高工作质量和进行人员选拔的必要手段。第一次世界大战期间主要研究如何减轻疲劳及人对机器的适应问题。第一次世界大战之后，人员选拔和训练在工业生产中受到重视而得到应用。在人为因素理论发展的一百年历史中，一个重要的里程碑是1924—1930年在美国西方电气公司霍桑工厂所进行的研究。该研究表明与工件本身没有直接联系的心理因素可以对工作效率产生影响，这就是著名的“霍桑效应”。霍桑实验发现工作效率不仅受物理、生理因素影响，而且还受组织因素、工作气氛和人际关系的影响。

第二次世界大战（1939—1945年）的爆发进一步推动了人为因素研究的发展。在此期间，仪器和设备操作的复杂化程度日益凸显，操作者必须付出很大的努力才能应付，这一阶段甚至由于片面注重新式设备的功能研究，忽略了人的能力和限制，导致人机不能很好地匹配，这便要求采用更为科学的手段来进行人员选拔和训练以解决问题。在这一期间，剑桥大学研究出来

“座舱模拟机”，从该模拟器得到的研究结果表明：人的技能型行为的效率在很大程度上取决于设施设备的设计、布局；要使操作效率达到最佳，就必须使机器符合人的特点。这一阶段人们认识到，只有设备适应操作者的生理、心理特点和人的能力限度时才能发挥其高效能。人的因素是设计中不能忽视的一个重要条件。从此，人际关系的研究从使人适应机器转入到使机器适应人的新阶段。

人为因素作为一门学科成立，归功于英国工效学协会（1949 年）和国际工效学协会（1959 年）的诞生，它们的诞生促进了工效学的规范化。1957 年美国成立的人为因素协会后来成为国际工效学协会的一个重要分支机构。自此以后，这些协会每年定期召开学术会议，并创办了自己的刊物，使该领域的研究与学术交流全球化。

三、航空人为因素研究的内容是什么？

相比人为因素学，航空人为因素在第二次世界大战期间才开始得到关注。早期关注的航空人为因素问题多是低气压、缺氧、噪声、振动、温度和速度对人的影响，后来逐渐向航空任务的认知方面扩展，研究人们在复杂工作环境中的角色优化并涉及人为表现的所有方面。

1999 年，ICAO 理事会前主席 Assad Kotaite 博士对航空人为因素发展在航空界经历的三个阶段进行了精辟概述。

第一个阶段从航空最初兴起到 20 世纪 70 年代，认为只有“超人”能胜任飞行工作，注重人员的选拔和培训，以期望选出“最优”的飞行员；第二个阶段为 80 年代的人为限制阶段，认为需要更多的技术改进和新技术开发来抑制人为差错，但同时航空安全专家也注意到，无论如何注重加强培训，也避免不了因技术更新附加的额外任务引起的新失误，换言之，人的失误能够击败设计最精良的技术性安全防护手段；第三个阶段为 1995 年后至今的人为策略时代，航空安全专家意识到失误本身是不可避免的，但它可以作为研究人的认知策略的一种方式，也因此提出了加强事故预防的风险管理机制方案。

概括来说，航空人为因素不应局限于个人的表现层面，而应包括人和技术之间、人和其所属的组织机构之间的相互作用，要从系统、组织角度来解决航空安全问题。

四、人为因素的研究领域是什么？

一般来说，人为因素研究包含两方面内容。

（1）通过了解人的能力和局限，使人与系统的设计及要求相匹配，指导人与系统在要求不相符时如何处置相互之间的关系。航空系统是一个巨大的人机系统，在系统内，要充分发挥先进设备的作用，也必须要有成功的人机搭配。尽管航空业内各个专业的人员都接受过培训，具有资质，但并非人人都能承担同样的任务。一个安全有效的民航系统包括合适的技术和拥有技术知识的人员。人员应该具备理解和使用有效设备的能力。人为因素确定了系统与人相互作用的程度，彼此如何相互适应，如何最终满足人与系统之间不同的要求。

（2）改善系统的安全性，防范可能出现的事故。研究与人构成界面的各要素之间的关系，人自身的优势和局限以及各要素与人员的最佳匹配，使航空系统整体效益达到最佳，从而保证航空安全。

人为因素有自身的理论体系，但又不是一门独立的学科，它从很多学科中汲取了丰富的理论知识和研究手段，由多种学科综合发展而来，具有多学科、交叉性和边缘性的特点。与人为因素相关的学科有：航空心理学、航空工效学、航空医学、人体测量学、社会学等。这些学科帮助界定了人为因素中的各个研究领域。

人为因素的研究范围可以用SHEL模型来概括。SHEL模型最初由Edwards提出，Hawkins加以发展和完善。SHEL由Software（软件）、Hardware（硬件）、Environment（环境）、Liveware（人）的首写字母组成，也说明了人为因素研究的范围。关于SHEL模型的阐述详见第三章中内容十三。

五、当今人为因素研究的主导理论是什么，它是如何发展的?

在民用航空发展的早期，人们关注的是技术开发和改进。随着科技进步，民用航空安全状况出现了新问题，此时虽然硬件技术得到了很大进步，但航空事故率却居高不下。经过分析，发现人为因素在航空事故的诱发因素中所占比例高达 80% 以上。

20 世纪 70 年代是航空中人为因素研究及其应用迅速发展的时期。机组资源管理（CRM）、面向航线的飞行训练（LOFT）、人为因素训练大纲等类似训练内容得到迅速发展。这一时期人为因素研究集中于优化个人的表现，主要通过培训、制定规章和程序等规范个人的操作行为，提高个人的操作能力，同时通过改进设计来消除失误。这是一种从个人角度消除失误的方法，是一种被动解决航空安全的方法，称为以人为中心的安全理论。

20 世纪 90 年代以后，人为因素的研究重点发生变化。人不是在真空中工作，而是在所处的社会背景下实践。换句话说，单个人的行为是依照组织设计并要求个人执行的规定和程序表现的，因此系统中的人为差错可能是设计不严密、训练不够、检查单或手册的概念不准确、班组合作不良等原因引起的。只有通过研究人的失误来发现系统中隐含的缺陷并加以改进，才能达到预防事故的目的。从系统和组织的角度来解决航空安全问题，这种主动解决航空安全的方法就是系统安全的理论，也是当今航空人为因素研究的主导理论。

六、ICAO 在人为因素方面的举措有哪些?

作为国际民航的代言人，ICAO（国际民用航空组织）对航空人为因素问题的重要性也早有察觉。在 1976 年的 ICAO 大会决议中，要求各成员国注重人为因素方面的研究。ICAO 出版了一系列有关人为因素的指导性材料，组织了多次研讨会，推动世界航空界对人为因素问题的研究。

1986 年，ICAO 成立了由不同背景、不同研究方向和代表不同地区的国际航空界专家组成的安全与人为因素小组。在当年年会上，通过了飞行安全和人为因素方面的决议（A16–9）；1988 年，ICAO 发布了关于“飞行安全与人为因素”决议（A26–9）；1991 年，ICAO 在第十次航行会议上，强调了人为因素在未来空中交通管制系统设计和过渡阶段中的重要影响，并指出“自动化在减少人为差错方面存在巨大潜力”。按照此次会议的建议，ICAO 航行委员会同意修改 A26–9 号决议的内容，将新航行系统纳入人为因素工作中，重点是新航行系统相关的人机界面。ICAO 在《国际民航公约》附件 1《人员执照的颁发》(1989)、附件 6《航空器的运行》(1995)、附件 13《航空器事故调查》(1994) 中都先后增加了人为因素要求。

1998 年，ICAO 出版了《人为因素训练手册》(ICAO Doc9683–AN/950)，指导各成员国开展人为因素方面的培训。2000 年，出版了《有关空中交通管理的人为因素指南》(ICAO Doc9758–AN/966)，增加了人为因素在运行环境中的作用，随后在《航空器运行文件》(ICAO Doc8168)、《空中规则与空中交通服务》(ICAO Doc4444)、《运行手册的编写》(ICAO Doc9376) 中都加入了有关人为因素的条款。2009 年，ICAO 秘书处组成了疲劳风险管理体系（FRMS）工作组，正式提出 FRMS 的概念，并开始制定有关的国际标准、建议措施以及 FRMS 手册等，以推动航空运营人采纳并实施 FRMS，同时方便各国民航当局评估、监督 FRMS 的运行。

七、人的年龄、性别和个性特征是如何影响人的表现的?

（1）年龄：研究表明飞行员的事故率随着年龄的增加而下降，最后趋于稳定（Golaszwski，1983；McFadden，1993）。经验（总飞行小时数）和飞行员差错率之间的关系表明，随着总飞行小时的增加事故率减少。

（2）性别：关于性别，Vail 和 Eckman（1986）按性别分析了 1972 年到 1981 年通用航空飞行员的事故率，结果显示男性私人驾驶员的差错事故率要高于女性，但此项研究没有考虑风险程度。McFadden（1996，1997）使用更加精确的方法分析了1986年到1992年男性和女性驾驶员事故差错率，该研究调整了年龄、经验、风险暴露等因素，结果显示不同性别的航线飞行员的航空事故率或事故征候率没有差别。

（3）个性特征：飞行员个性特征的研究表明，飞行员的独特个性超越了性别差异（Novello和Youssef，1974）。女性飞行员比一般的女性具有更多类似于男性飞行员的性格。男性飞行员优于普通男性的特征包括成就、展示、强势、改变。男性飞行员劣于普通男性的特征有顺从、次序、接纳、教养和忍耐（Novello和Youssef，1974）。在个性特征基础上，Sander和Hoffman（1975）使用逐步判别的分析方法，将飞行员分成有差错事故组和无差错事故组。他们发现两个组之间的个性差异对差错事故没有明显的影响。Levine等人（1976）使用因素分析的方法探讨飞行员态度和事故的关系，他们的研究表明“敢于冒险”这个因素与事故密切相关。

八、人的感觉是如何影响人的表现的?

感觉功能的局限对民航人员的表现有很大影响。感觉是在刺激物直接作用下产生的，但并不是所有的刺激都能引起感觉。个体只能够对一定范围内的刺激作出反应，如飞行员仅仅通过身体感受，无法发现飞机姿态的微弱变化；管制员不能听到音量太低的声音，看不清航空器跌落在跑道上的细小部件等。

那种刚刚能觉察到的最小刺激量成为绝对阈限，如表1所示。感受性和感受阈限存在着个体差异，即便同一个人，由于年龄、健康状况、疲劳等多种因素的影响，感受阈限也会有变化。

同一感受器接受同一刺激的持续作用，会出现感受适应。管制员长时间注视着雷达显示屏，可能会降低辨别事物细节的能力，对显示屏上的微小刺激变化不敏感，这就是视觉的适应。“入芝兰之室，久而不闻其香”是嗅觉的适应。在噪声环境中，时间长感觉不明显，但噪声对交流的负面影响，对生理功能和听觉器官的损害还存在甚至逐渐加重。相对封闭的工作环境，空气流通性差，空气不够清新，刚进入时常常让人感觉空气污浊，随着时间流逝，人们才会适应。但尽管适应了，空气质量不良的工作环境对工作人员仍然会产生不良影响，会使人产生疲劳，对信息的感知能力下降。

表 1　人类重要感觉的绝对阈限

感觉类别	绝对阈限
视觉	晴朗的夜空可以看到 30 英里外的烛光
听觉	安静条件下能听到 20 英尺外手表的嘀嗒声
味觉	一茶匙糖溶于 2 加仑水中可辨别出甜味
嗅觉	一滴香水扩散到三个房间的套房
触觉	一只蜜蜂翅膀从 1 厘米高处落在你的面颊上
温冷觉	皮肤表面温度有 1 摄氏度之差即可觉察

（1）视觉局限：视觉系统本身不适合高速运动及三维运动，此外人类极易产生视觉错觉，尤其是在昏暗的照明条件下或外界提供视觉线索很少时。因此视觉局限主要体现在飞行员和空管员身上。主要的局限包括生理盲点、夜间盲点、暗适应、空间视野近视以及视觉错觉。

（2）听觉限制和噪声：听觉信息和视觉信息一样，都是民航人员信息获取的主要途径。听觉比大多数人意识到的对工作表现的影响更大，尤其是在需要收集信息或转移注意力到需要监测的区域时，声音变得更加重要。噪声是影响民航人员听力的关键因素，噪声除了会造成听力丧失之外，还会产生非听觉效应，可能影响飞行员、空管员以及机务人员的工作绩效和健康。噪声作为一种非特异性的生理应激，会影响心率、血管收缩、消化活动，会使肌肉张力增加，也会改变内分泌、神经系统和心血管的功能。比如 75dB 的噪声会改变瞳孔，影响视敏度；超过 3 年经常暴露于 85dB 的噪声后，心血管发病率增加。还有研究显示提高驾驶舱温度和噪声水平会影响驾驶员的表现，而且有多起因为语音交流不畅而引发的事故，说明噪声会影响飞行安全（Wagstaff 等，1998）。

九、疲劳和生物节律是如何影响人的表现的？

航空活动中，疲劳、睡眠缺失以及人体昼夜生物节律紊乱是影响飞行安全的重要因素。1988 年 NASA 的研究显示，大约有 21% 的飞行事故直接与飞行员疲劳有关。2001 年 FAA 对空中交通管制员的一项问卷调查结果显示，约 80% 的空中交通管制员在工作中有疲劳感，其中，20% 的空中交通管制员经常或频繁甚至一直感到疲劳，并认为疲劳已经对他们的工作造成影响。还有研究指出，至少有 70% 的空管人为差错事件直接或间接由疲劳所致。

人体生理、心理机能近似 24 小时为一周期的内源性节律被称为“似昼夜节律”，也称为“生物钟”（Biological Clock）。人类世代生活在地球上，已适应“太阳日”节律变化，形成了稳固的生理机能的节律变化。有节律的周期性活动是生物界的一种普遍现象，节律已成为生命活动的基本特征之一。人类的各种生理、生化功能、心理行为，甚至细胞的形态结构等都有节律性变化。

由于地理位置的不同，地球上不同地区之间存在时区差异，这种现象叫时差。由快速跨越时区而引起的一系列不适应症称时差综合征（jet lag syndrome）或时差效应。倒班工作人员就受到由于生物节律被破坏而带来的类似于时差效应的影响。

人体生物钟控制着人体全部的机能（体温、心率、激素、睡眠、情绪、执行力），每种机能都根据人体的生物循环而变化。时差和倒班会导致消化不良、轻度不适、白天嗜睡、夜间失眠以及身体和精神活动减退等。与时差和倒班相关的主要症状为疲劳、睡眠困难，以及由于内在生物钟与外界环境的不同步而导致的日间睡眠。

由于生物节律的可重建性，对于倒班人群建议尽量少改变值班时间段，减少由生物节律紊乱带来的疲劳和健康问题。

除了生物节律，睡眠也是产生疲劳的一大因素。睡眠时间和睡眠质量均会影响疲劳。睡眠需求存在很大个体差异，正常人一般每天需要 7 ~ 9 小时的夜间睡眠。睡眠时间减少会导致脑疲劳，造成警觉水平下降，反应时间延长。更有研究表明，每天睡 6 小时，结果与持续一周的疲劳状态和一天一夜完全不睡觉的疲劳状态一样。但可怕的是，这种慢性累积性的睡眠不足常常不被当事者所觉察，从而成为航空安全的一大隐患。

人在睡眠过程中，大脑处于规律的循环中。一般是深睡眠恢复体力疲劳，快速动眼睡眠恢复脑力疲劳。夜间睡眠的前半段以深睡眠为主，主要作用是恢复体力疲劳；夜间睡眠的后半段以快速动眼睡眠为主，主要作用是恢复脑力疲劳。因此，需要早起值早班的民航人员面对着脑力疲劳恢复不良的风险。而对于下夜班之后白天睡眠的人员研究显示，白天睡眠的脑电图全部混乱，失去了夜间睡眠的规律，因此，值夜班的员工疲劳程度更重。

疲劳是由于体力或脑力消耗过多而需要休息的状态，是人体的一种正常生理现象，但在航空领域却可能成为安全隐患。例如，1983 年 1 月美国联合航空公司的一架 DC-8 飞机在美国底特律失控，调查结果显示这与机组成员在航班任务前休息不足有关；1999 年 6 月，美国航空一架 MD-82 在美国小岩城发生的事故也和机组成员疲劳有关，在其调查报告的安全建议中指明要求建立科学的工作小时制，提供工作和休息时间表，考虑生理节奏和人对睡眠和休息的需求；2006 年 8 月，科姆航空公司一架庞巴迪飞机在美国列克星敦发生事故，调查显示这可能和管制员疲劳相关。由于疲劳引发的事故后果严重，近十几年来，国际上越来越关注疲劳问题，从疲劳学科的相关知识到其管理方法的发展需求已经成为当今国际民航安全的热点研究领域，也是现代安全管理和风险管理的重要内容。

十、酒精和药物是如何影响人的表现的?

（1）酒精：在节假日、喜庆和交际场合，饮酒成为一种习俗。高度酒所含能量高，白酒基本上是纯能量食物，不含其他营养素。无节制地饮酒，会使食欲下降，食物摄入量减少，以致发生多种营养素缺乏、急慢性酒精中毒、酒精性脂肪肝等，严重时还会造成酒精性肝硬化。过量饮酒还会增加患高血压、中风等疾病的风险，并可导致事故及暴力的增加，对个人健康和社会安定都是有害的，应该严禁酗酒。另外，饮酒还会增加患某些癌症的风险。所以，若饮酒一定要尽可能饮用低度酒，并控制在适当的限量内。中国营养学会建议成年人饮酒的限量值为成年男性一天饮用酒的酒精量不超过 25 克，相当于啤酒 750 毫升，或葡萄酒 250 毫升，或 38 度白酒 75 克，或高度白酒 50 克。酒精量（克）= 饮酒量（毫升）× 酒精含量（百分数）×0.8（酒精比重）。成年女性一天饮用酒的酒精量不超过 15 克，相当于啤酒 450 毫升，或葡萄酒 150 毫升，或 38 度白酒 50 克。孕妇和儿童青少年应忌酒。

航空人员必须满足《大型飞机公共航空运输承运人运行合格审定规定》（CCAR-121）有关饮用含酒精饮料后值勤限制的规定。

（2）药物：所有的药物都具有两面性，一方面是好的疗效，另一方面是不可预测的不良反应。药物的不良反应存在很大的个体差异，由于每个人对药物的敏感度和对药物的代谢不同，产生的影响也不同。航空环境也会影响药物的代谢，出现平常没有的问题；药物的不良反应还会出现延迟等。总之，所有的药物都有一定毒性，因此，在上岗之前（尤其是飞行员），如果没有得到航医的许可，坚决不能随便服药，如表 2 所示。

表 2　常用药物对飞行安全的影响

药物类型	治疗的疾病	潜在不良反应
安眠药	失眠、焦虑	较差的睡眠质量、日间嗜睡、疲劳
抗过敏药	过敏	嗜睡、视力障碍、定位障碍、眩晕
抗病毒药	感冒	嗜睡、疲劳、眩晕、视力障碍、消化障碍，胃肠刺激
止咳药	咳嗽	嗜睡、疲劳、消化不良
治疗肌肉松弛药	肌肉酸痛	嗜睡、疲劳、“醉酒”感觉
止痛药	疼痛	嗜睡、消化不良
消炎药	感染	眩晕、嗜睡、多动
抗头疼药	偏头疼	认知缺陷，嗜睡、精细活动受限、视力异常、疲劳、头晕、失眠

续　表

药物类型	治疗的疾病	潜在不良反应
降压药	高血压	嗜睡、加速度耐力降低、头疼、头晕、昏厥、抽搐
治腹泻药	腹泻	疲劳、嗜睡、眩晕
治胃溃疡药	胃溃疡	头疼、眩晕
治疗恶心药	运动病	视敏度下降、抗炫光能力下降、视力模糊、嗜睡、口干、头疼
褪黑素药	时差反应	嗜睡、失去平衡，导致患有夜间哮喘的人发热
抗焦虑药	焦虑	嗜睡、疲劳、记忆受损、认知障碍、定向障碍和眩晕、判断力下降
抗抑郁药	抑郁	嗜睡、疲劳、头疼、颤抖、恶心、腹泻、记忆受损、认知障碍
抗生素类药	细菌感染	眩晕、“醉酒”感觉、发烧、过敏、恶心、腹泻

十一、情景意识是如何影响人的表现的?

Endsley 在 1988 年提出了被广泛认可的情景意识的定义。他认为情景意识是对定量的时间和空间的环境因素的感知，是对目前状况的理解和掌握，以及对短期形势的规划安排。对飞行员而言，情景意识是对所处位置、飞行情况、飞行目的地和其他航空安全相关因素和情况（可控撞地、失去正常间距等）的意识。对于管制员来说，情景意识是获取并保持空中交通情况的意识，以及对所有意外的潜在危险的识别。

良好的情景意识需要满足对各类元素的正确感知，包括：①对环境的感知：对飞机、天气和地形的感知；②对模式感知：对设备配备和控制系统模式的感知；③对空间定位的感知：对地理位置和飞机方位的感知；④对系统功能的感知：对飞机系统和管制系统的感知；⑤对时间的感知：知道什么时候应该做什么。

情景意识包括三个过程，即对正在发生什么的感知（第一步），对已经觉察到的问题的感知（第二步），对预见会发生什么的感知（第三步）。维持良好的情景意识包括：①洞察：通过视觉、听觉等观察环境，收集信息；②理解：成功地把所学知识和经验与现实情况相匹配，创建精准的心理模式；③预见：对未来的情况作出预测和判断，如表3所示。

表3 情景意识丢失的原因和应对措施

<table>
<tr><th>丢失原因</th><th>应对措施</th></tr>
<tr><td colspan="2">第一步：获取</td></tr>
<tr><td>注意力范围太小</td><td>扩大注意力范围</td></tr>
<tr><td>高工作负荷下难以获取信息</td><td>减少工作负荷，合理安排任务</td></tr>
<tr><td>打断和干扰</td><td>如果工作被打断，重新回到程序起点</td></tr>
<tr><td>视觉错觉</td><td>掌握相关知识，相信仪表</td></tr>
<tr><td>由于预期而出现误解</td><td>永远不要被预期所驾驭，时刻获取和相信实际信息</td></tr>
<tr><td colspan="2">第二步和第三步：理解和预测</td></tr>
<tr><td>缺乏相关知识和经验</td><td rowspan="3">获取信息对比正确的记忆场景，不要急于下定论，核实每条信息的可靠性</td></tr>
<tr><td>产生不良的心理模式</td></tr>
<tr><td>使用错误的心理模式</td></tr>
</table>

十二、缺氧是如何影响人的表现的？

氧（O_2）是生命活动所必需的物质。如果机体得不到正常的氧气供给，或不能充分利用氧气来进行代谢活动，则可引起一系列生理及病理改变，称为缺氧。缺氧会对信息获取、决策等重要的认知环节产生影响。同时缺氧是最常见的引发失能的一种原因，对飞行员造成极大的安全威胁。

飞行员经常会面对低张性缺氧威胁，缺氧机体的功能、代谢变化的程度和后果，取决于缺氧的原因和缺氧发生的速度、程度、部位、持续时间以及机体的功能代谢状态。一方面，缺氧对机体的影响是广泛的、非特异性的，涉及机体的各个系统、器官和组织。另一方面，缺氧时机体的功能和代谢变化既有代偿适应性变化，也有损伤性改变。一般来说，轻度缺氧时以代偿适应性反应为主，严重缺氧时以功能代谢障碍为主。

严重缺氧引起的损伤性变化主要包括组织、细胞的损伤和系统、器官功能的障碍。

缺氧引起的组织、细胞（主要包括细胞膜、线粒体及溶酶体）的损伤，可导致能量生成减少，膜通透性增高，离子泵功能障碍，溶酶体酶释放，细胞肿胀、变形、坏死。

缺氧可引起中枢神经系统、呼吸和循环等主要系统功能障碍，严重时可导致功能衰竭，危及生命。中枢神经系统氧耗量高，对缺氧最敏感。急性缺氧可引起头痛、头晕、情绪激动，思维、记忆力和判断力等认知功能障碍。慢性缺氧时易发生疲劳、嗜睡、注意力不集中及精神抑郁等。严重缺氧可抑制呼吸中枢，使呼吸抑制，肺通气量减少，导致中枢性呼吸衰竭，甚至死亡。另外，缺氧还可引起肺水肿，导致肺换气功能障碍。缺氧可引起循环系统功能障碍，主要表现为肺动脉高压，动脉血压异常，右心室肥大，心功能障碍，甚至发生心力衰竭。例如，呼吸功能障碍可引起肺源性心脏病，高原缺氧可引起高原心脏病、高原高血压和高原低血压等。

飞机正常飞行时，机组成员和旅客是不会出现缺氧情况的。保证在高空中飞行时不出现缺氧情况的基础是现代飞机采取的密封增压措施，保证飞机在 10000 米高空飞行时，座舱内的气压相当于海拔 2000 米。只有当飞机的密封出现问题时，才会出现严重缺氧情况。

一般的客机巡航高度，机舱内压力大概相当于海平面 1800 米至 2400 米高度，与海平面相比，氧分压会有所降低并伴随肺泡血氧分压降低。航空器在高限 2400 米飞行，其大气压接近 565 毫米汞柱，肺泡血氧分压接近 75 毫米汞柱左右。由于氧血红蛋白解离曲线的特点，这只会导致血氧饱和度降至 90% 左右，对绝大多数健康的旅客来说，可以通过正常的生理反应来代偿，是可以耐受的。

在失压状态下，民航客机在特定的座舱高度（3050 米至 4250 米），受气压控制的阀门会自动触发，从而自动将氧气面罩放下，供机上乘客使用。

如果旅客患有严重的心、肺、血液系统疾病，可能无法耐受低氧状态。有这些疾病的旅客需要在航空旅行之前咨询医生，对自己的旅行能力进行评估，并决定是否需要医学氧气或其他特殊设备的帮助。

急性高空缺氧时，人的体力与脑力活动能力往往会在不知不觉中变得迟钝或丧失。故在急性高空缺氧时，人的主观感觉虽然很轻微，甚至可能无任何不适，但客观上缺氧的实际严重程度及身体各种病理会表现得很不一致，这种主、客观不符的表现，与大脑皮层的高级智力功能最先受到缺氧侵袭，失去正常理解、分析和判断能力有关。

关于急性高空缺氧的自觉症状，已有很多报道，除考虑到由于实验条件不同，各组结果会有所差异外，仍可以看出缺氧的自觉症状是相当复杂多样的，并具有一定的个体差异和个人特点。尽管如此，如下几点却基本一致：发生急性高空缺氧时几乎没有明显的、特别的痛苦感觉；缺氧症状与病理表现不一致；致使飞行员容易低估其危险性甚至忽视危险存在，不能及时采取应急补救措施。

十三、温度、噪声、气象因素和工作负荷是如何影响人的表现的？

（1）温度：体温调节是生命的基本活动之一。人体自身具有温度调节的能力。人体的温度调节可以看作是一个基于负反馈的闭环控制系统。高温和低温都会对这个系统产生影响：如果环境中温度过低，人体会产生冷应激；温度过高则会产生热应激。冷应激持续时间过长会导致手脚疼痛，甚至麻木、触觉不灵敏；热应激持续时间过长会导致人体出汗过多，体力消耗过大，烦躁不安。过冷或过热都会影响民航人员的正常工作，严重者会造成重大事故。

温度对于机坪上的油料工人、维修人员，甚至包括飞行员和空管员都有巨大影响，需要考虑和管理。

（2）噪声：噪声对人体的影响包括听觉效应、生理效应、心理效应、工效影响和对语言通信的影响。噪声会造成听觉损失或障碍；对身体产生的影响，包括：中枢神经系统（烦躁、头疼、睡眠障碍、记忆力减退、工作能力降低、神经衰弱症候群）、心血管系统（血压波动、心律失常、心电图异常）、消化系统（消化液分泌减少、胃肠蠕动减弱、消化不良、食欲不振）、内分泌系统（甲状腺、性腺和肾皮质功能紊乱）。噪声还会明显影响人的情绪，表现为烦躁、焦急、讨厌、生气，对人的思维活动和需要集中精力的活动干扰极大。在嘈杂的环境中，人们心情烦躁，工作易疲劳，反应迟钝，注意力不集中，直接影响工作效率和安全。

（3）气象因素：Cherington 和 Mathys 分析了美国国家运输安全委员会（NTSB）1963 年到 1989 年期间因被闪电击中而引发的事故的数据。Spillane 和 Lourensz 研究了由于风切变和下击暴流所引发的事故。虽然天气作为主要原因导致的商用喷气式飞机事故仅占 5%，但天气的确是很多事故的诱因。气象因素除了直接导致事故和事故征候，还会增加民航工作人员的工作负荷，成为间接风险。

（4）工作负荷：航空设备逐渐演变，自动化水平大大提高。航空人员应对自动操作系统所附加的心理负荷，远远大于工作带来的生理负荷。如果遇到非正常情况，如糟糕的天气、设备故障，机组和管制员的工作量会随之上升，高强度工作压力下就会很容易出现失误。

工作负荷是影响决策的因素之一，操作人员在执行任务中需要付出的精力，并不仅仅是外部因素产生的负荷，内心需求也必须考虑。每个人生理功能、负荷承受能力、工作经验、培训经历都不相同，对工作负荷的承受能力也就不同。简单地说，同样的工作交给不同的人去做，产生的工作负荷是不一样的。

评估工作负荷的方法有：绩效评估、自我评估、生理参数评估。

十四、公司文化是如何影响人的表现的？

每个单位都是对安全负责的决策单位。不同的单位，在招收和训练员工上可能会有不同，其安全程序、工作规定以及企业文化也会有所不同。这些不统一因素会带来很多问题，安全水平也会存在差异。具体详见安全文化一篇。

十五、“瑞士奶酪”模型如何分析人为因素？

分析人为差错原因的最经典的方法是由 James Reason 提出的人为差错“瑞士奶酪”模型。Reason 把人为因素分为四个层次，认为每一层都会影响下一层。第一层是最终导致事故的操作者不安全行为。

“瑞士奶酪”模型是序列性的，最高层的组织因素自上而下地产生影响。“瑞士奶酪”模型在人为因素分析中特别有用，因为它可以促使调查者考虑事件原因序列中的隐性失效。Reason 认为事故的发生由系统失效引起。

失效是指个体或系统表现出来的某种崩溃或失败的状态。理论上，失效分为显性失效和隐性失效。显性失效是一种可见的失效，表现在一线操作人员的行为中，由不安全行为即人的差错和违规所致，如飞行员调错高度、管制员遗忘飞行状态、维修人员维修结束后忘记收回工具。显性失效会对系统造成即时的负面影响。隐性失效一般是不可见的，表现为系统或组织的决策或方针，如安全投入不够、排班不合理、默认的管理违规。隐性失效不像显性失效，不会对系统造成即时的负面影响，具有延滞性，它可能会潜伏几小时、几周、几个月甚至更长时间，是由组织中错误的决策、监管不到位及操作者准备不充分所致。有缺陷不一定爆发事故，不爆发事故，并不能否认缺陷的客观存在。

在隐性失效这个概念中，Reason 描述了三个人为因素失效层次，如图 1 所示。

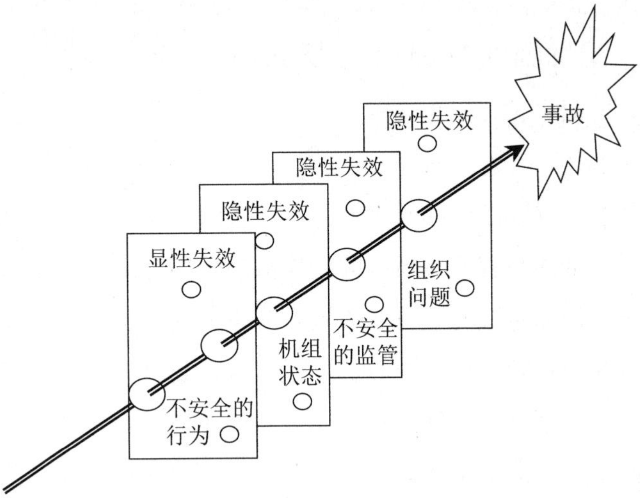

图 1　“瑞士奶酪”模型

第一个隐性失效层次涉及工作人员的状态，因为它会影响表现，称为不安全行为的前提条件，涉及诸如心理疲劳、缺乏沟通和协调。例如，疲劳的工作人员未能与其他人员进行沟通和协调而导致差错等。

第二个隐性失效层次是不安全的监管。比如，在恶劣天气情况下，两个没有经验的飞行员更容易出现飞行事故。如果有问题的人员安排加上不良的培训，沟通失效和机组差错的可能性会更大。从某种意义上说，这种情况是机组被“安排”成协调失效，被安排成容易出现事故，这并非为了弱化机组人员的作用，而是说明干预和缓解策略应更加依赖于系统。

第三个隐性失效层次是组织本身，组织本身可以影响所有的层次。例如，在财政紧张的时候，资金经常短缺，结果导致飞行员培训和飞行时间缩短。因此，管理者让“非精通者”执行复杂任务而没有其他的选择。缺乏培训，沟通和协调失效与其他无数前提条件开始出现，所有这些都会影响飞行员的表现并诱发机组差错。

在很多方面，Reason 的“瑞士奶酪”模型改变了事故致因的普遍观点，但遗憾的是它只是一个理论，对各个层面的漏洞实际上是什么，以及在实际运行环境中如何应用等问题并未给出详细答案。

十六、人为因素分析及分类系统（HFACS）的特点是什么?

人的天性决定了人会犯错。70%~80% 的航空事故源于人的差错。事实上，近几十年，单独归咎于机械故障的事故已经明显减少，但归咎于人为差错的失效却减少得非常缓慢。看起来旨在减少人为差错的发生或后果的干预措施并不像那些旨在减少机械故障的措施有效。要继续减少事故，更多的重点应该放在与事故原因相关联的产生人为差错的根源上。曾经调查人为差错的普遍方法是分析事故和事件数据，并不是基于人为因素的理论框架。

人为因素分析及分类系统（Human Factors Analysis and Classification System，HFACS）是一般性的人为因素分析框架，最初是在美国军方内部开发并测试，用作调查和分析导致航空事故的人为因素的工具。基于 Reason 的潜在和显性失误模型，HFACS 考虑到了系统各层次的人为差错，包括个人因素和组织因素。

HFACS 把四个层次的失效概括为：①不安全行为；②不安全行为的前提；③不安全监督；④组织影响。

十七、HFACS 中的不安全行为包括哪些?

不安全行为是指一线操作人员在进行生产操作时导致不安全事件的行为。不安全行为大致可以分为两类：差错和违规。差错代表那些没有达到预期结果的心理和生理行为，由人的本性决定，这些不安全行为是大部分事故的原因。违规是指故意违反安全管理的规则和条例，这里的违规是指那些直接导致不安全后果的作为或不作为。那些同样违反相关规章标准，如违规饮酒、服用违禁药物、超时执勤等行为，由于它们并不是直接的违规行为，所以不属于 HFACS 理论中的违规。许多组织的灾难在于管理者和研究人员一直没有预测和预防这些很严重并且完全可以预防的不安全行为，如图 2 所示。

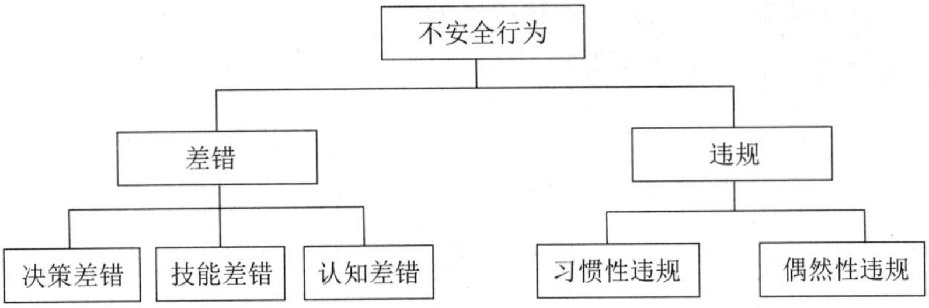

图 2　HFACS 不安全行为分类

差错分为三种：技能差错、决策差错和认知差错；违规分为两种：习惯性违规和偶然性违规，如表 4 所示。

表 4　飞行员不安全行为举例

差错	违规
1. 技能差错	没有遵守简令
视觉扫视失误	没有使用雷达高度
没有优先注意	违反培训规则
忽略程序中的步骤	执行未批准的进近
忽略检查单项目	故意超过飞行限制
2. 决策差错	
错误诊断紧急情况	
对紧急情况反应错误	
3. 认知差错	
错误判断距离 / 高度 / 速度	
空间定向障碍	
视觉错觉	

十八、技能差错产生的原因是什么？

技能差错，指那些无须加以思考的基本操作技能上的失误。技能差错主要源于注意力失效、记忆力失效和技术差错三种情况。

注意力失效会导致许多技能差错。一个典型的例子，飞行机组人员专注于排除故障（烧坏的警告灯）而没有注意到飞机已经致命地朝地面下降。

记忆力失效经常表现为忽略检查单里的项目或忘记意图，就好像我们常常打开冰箱却忘记要拿什么。同样，飞行中在紧急情况产生的压力下，可能会忘记紧急程序中的关键步骤，即使在没有特别压力的情况下，飞行员也容易在进近中忘记放下襟翼或者在最低高度放下起落架。遗忘检查单或忘记程序进度也属于记忆力失效。

技能差错的第三个原因是技术差错，如面对湿滑跑道、风切变条件下的操作等。即便拥有同样的培训经验和教育背景，不同的人执行某一特定顺序事件的方式会有很大差别。例如，两名具有相同培训、飞行等级和经验的飞行员操纵飞机的方式就可能截然不同，而不同的技术决定了特定的失效模式。事实上，这种技术就像天生的能力和资质一样，是人格的一种外在表现，其差错很难防止和缓解。

十九、认知差错是如何产生的？

认知差错是指当一个人的知觉和实际情况不符时产生的差错，当感觉器官的信息输入不正确时，认知差错就会产生。认知差错分为飞行错觉、丧失情景意识和判断理解错误。单纯视觉错觉、前庭功能错觉、空间定向障碍不是认知差错，飞行员对他们的错误反应才是认知差错。当个体面临从未遇到过的情况时，如果没有正常的程序和方法可供选择，很多时候就需要靠感觉，而这种感觉一旦错误，就会产生认知差错。

二十、决策差错是如何产生的？

决策差错是指按意图执行，但操作不适当的有意行为。决策差错其实是那些知道问题所在但没有相应的知识或者简单地选择错误的行为或不作为。

换句话说，就是行为按照计划进行了，但是由于计划本身不充分或者计划对当前形势而言并不恰当，结果造成了失误。它常常被视为“诚实的错误”，这种不安全行为代表本意良好的个体的作为或者不作为，只是由于缺乏相应的知识而作出了错误的选择。

决策差错可以分为三大类：程序错误、选择不当和处置不当。

程序错误（基于规则的错误）发生在高度结构化的任务中，该执行 A，却执行了 B。航空业就是高度结构化的任务，因此飞行员和管制员的大多数决策都在程序上。飞行的每个阶段基本上都有非常明确的执行程序，但当飞行员未能确认情况或判断错误时常常会引发差错。

决策差错的第二类是选择不当。航空业中并不是所有的情况都有对应的处置程序，在许多情况下需要在多个相应的选项中作出选择。比如飞行员在飞行过程中遇到雷暴，他可以绕飞雷雨区，备降到其他地区或者穿过雷雨区。这种情况下就有可能出现选择错误（基于知识的错误），当时间和经验不足或有外界压力时，就会出现选择错误。换言之，就如我们有时候能作正确的选择，而有时候却不能。

决策差错的第三类是处置不当。在工作中发现问题后，由于技术、经验、情绪等原因而采取了不当措施，造成了不必要的损失。

二十一、习惯性违规和偶然性违规分别指什么？

习惯性违规是指在团队内部已将一些违规行为作为“解决问题的常用方法”，它往往是由于习惯导致的并且被管理当局所容忍。比如，有些人开车的速度总是比规定快 5~10 km/h，或有些飞行员常在边缘气象条件下飞行。尽管这两种情况肯定违反了规则，但仍然有很多人这样做。更糟糕的是，这些违规行为往往是监督当局所容忍或认可的。有时新加入进来的成员并不知道是违规，他们用所获得的“习惯性违规”的方式完成任务。这种情况，监督当局只要对违规行为进行管理，就不会有人违反规则，所以，如果识别出习惯性违规必须进一步查看监督链以查出监督当局中没有执行规则的人。

偶然性违规的发生，源于当时可能存在的一些特殊情况，如时间压力大或工作超负荷。尽管知道会导致违规，但为了完成任务，人们还是选择偏离正常的标准，并认为此违规不会带来严重的后果。偶然性违规是偏离规章的孤立行为，不一定表明是人的典型行为模式，也不表明是管理者所宽容的。偶然性违规的后果可能非常严重，但由于它的难以预测性而更难预防。

违规和失误不同。失误是指个体在完成任务时未能达到预期目标，往往是非故意的行为。区分违规和失误的根本在于动机，即违规是有意的偏差，失误是无意的偏差。例如，管制员允许一架飞机下降时穿越另一架飞机的巡航高度层，两架飞机的测距小于最小间隔距离。如果管制员在测算距离时出现错误，那就是失误；如果测算距离正确，知道该距离不符合最小间隔距离标准，但仍然允许一架飞机下降时穿越另一架飞机的巡航高度层，这就是违规。

二十二、HFACS 中的不安全行为的前提条件包括哪些？

飞行员的不安全行为直接导致了 80% 的航空事故。但是，仅仅关注不安全行为是远远不够的，就好像不了解根本病因而盲目止痛一样。安全调查必须深入挖掘不安全行为产生的原因。不安全行为的前提条件分为三个主要部分：操作者低于标准的状态、操作者低于标准的操作和环境因素，如图 3 所示。

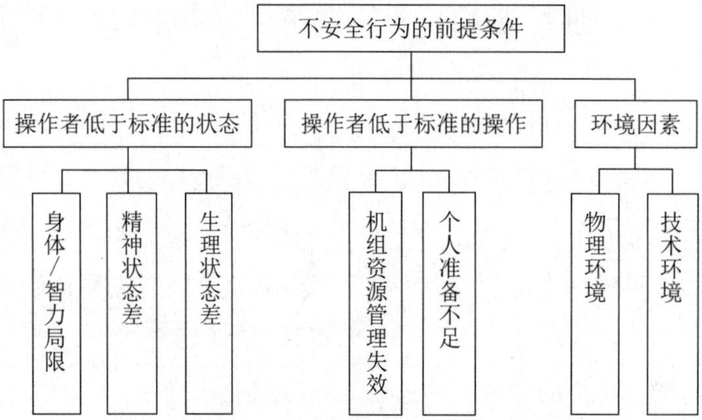

图 3　HFACS 不安全行为的前提条件

操作者低于标准的状态包括精神状态差、生理状态差和身体 / 智力局限。

（1）精神状态差是指那些影响人员表现的精神条件，包括丧失情景意识、分心、心理疲劳，还包括人格特质和有害的态度，比如过分自信和自满。

（2）生理状态差是指那些阻碍安全操作的药物或生理条件，对航空特别重要的条件包括视觉错觉、空间定向障碍、生理疲劳，还有无数影响人员表现的药物和医疗异常。我们所有人几乎都有过带病工作的经历，服用大量药物后，工作表现一般不会受太大影响，但航空人员则不一样，例如，很多人认为感冒是一件小事，服用抗组胺药物等就能好，但这类药物的副作用是会对人的决策造成影响。因此，我们必须关注事故因果链中一些微妙的医药条件。

（3）身体 / 智力局限是指操作要求超出了个人的能力范围。例如，飞行员由于目标太小或视野范围内物体对比度等影响，经常看不到其他飞机、障碍物或电线；同样，在某些情况下，完成任务或机动操作的时间限制超过了个人的能力，也属于身体 / 智力局限。

操作者低于标准的操作包括机组资源管理失效和个人准备不足，如表 5 所示。

表 5　HFACS 中不安全行为的前提条件

操作者低于标准的状态			操作者低于标准的操作	
精神状态差	生理状态差	身体 / 智力局限	机组资源管理失效	个人准备不足
自满	生理状态受损	反应时间不足	没有沟通	过度体能训练
注意力分散	疾病	视觉限制	没有协调	不合理的药物
心理疲劳	生理失能	生理能力不足	没有反馈	休息不足
匆忙	生理疲劳	智力能力不足	领导失效	违反饮酒规定
错误动机				
任务饱和				

（1）机组资源管理失效用于描述人们之间缺少合作。在航空业，机组资源管理包括飞机内的协调，飞机与空中交通管制、维修控制之间的协调，以及与其他设备和辅助人员之间的协调。机组之间缺乏沟通导致驾驶舱内混乱

和不良决策，结果引发事故。事实上，航空事故数据库中就有很多因机组之间沟通不畅所导致的事故案例。其中，最惨烈的一次航空事故是1972年佛罗里达的坠机事故，当时机组忙于查明一个指示灯被烧坏的原因。调查结果显示：非常遗憾，驾驶舱内没有一个人监测到飞机的高度保持模式无意中断开。而理想情况是机组在解决失效时，应该协调以确保至少有一名飞行员监控飞行仪表和驾驶飞机。

（2）个人准备不足是指个人的生理或精神准备不足，不能满足工作需要。例如，违反休息要求、饮酒和自我药物治疗等都会影响工作中的表现甚至对安全造成威胁。但是请注意，那些影响个人准备不足的违规并不是不安全行为，因为它们通常不会在工作场所发生，也不是直接导致后果的必要行为失效。而且并非所有个人准备不足都构成违规的结果。比如，在上岗前跑了马拉松，这并不违反任何规章，却可能会影响个人的生理和精神能力，也足以降低员工的表现并导致不安全行为。

环境因素：环境是人为失误的条件之一，不良的环境会导致操作者状态不良和不安全事件出现。物理环境包括气象、地形、高度，也包括室内温度、湿度和噪声等。技术环境包括设备和控制设计、显示及界面特征、检查单编排、任务因素等。

二十三、HFACS中的不安全监督包括哪些？

不安全的监督包括四个方面：监督不充分、运行计划不适当、没有纠正已知差错和监督违规，如图4和表6所示。

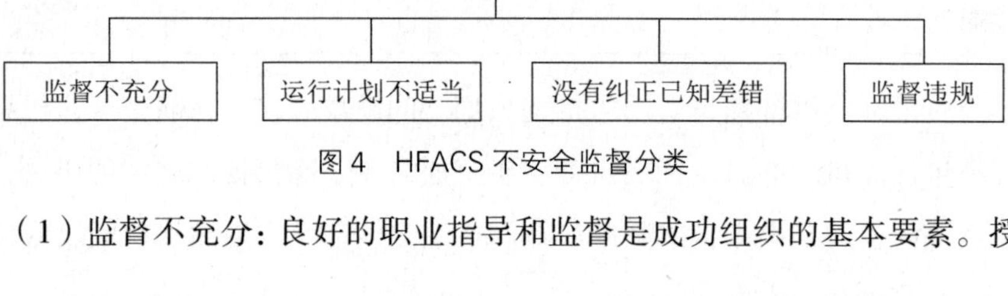

图4 HFACS不安全监督分类

（1）监督不充分：良好的职业指导和监督是成功组织的基本要素。授权个人作出决策和独立工作是必要的，但这并不意味着与监督者职责脱离。监督者还有义务提供指导、培训机会。事实已经证明，缺乏监督会引发很多工作场所的违规行为。缺乏培训，没有给员工培训或者参加培训的机会，员工的技能和沟通协调能力会受到影响，紧急情况下发生事故的风险就会显著增加。

（2）运行计划不适当：运行计划不适当包括人员配备不合适、排班制度不合理、任务不符合规则等。例如，不合适的机组搭配，非常优秀和独裁的机长与很年轻的副驾驶搭配，就很可能出现沟通协调问题，机长拒绝接受副驾驶的合理建议，导致事故发生。又如，任务和排班制度有可能将个人置于不可接受的风险之中，损害人员的休息，影响人员的表现。虽然在紧急情况下这样的安排是不可避免的，但正常运营是不能接受的。

（3）没有纠正已知差错：这种情况是指监督者明知人员、设备、培训或其他安全相关方面的不足而仍然允许其持续下去。比如，监督者知道员工没有执行安全工作的能力却允许其继续工作，这显然会成为事故隐患；另外，没有持续纠正或者惩戒不合理的行为会促使形成不安全因素并促使违规。

（4）监督违规：这种情况很少见，是指监督者有意违反现有的规章和条例的情况。比如，偶尔允许没有执业资格的人上岗。这种情况虽然少见，但后果极其严重。

表 6　HFACS 中的不安全监督的例子

监督不充分	运行计划不适当	没有纠正已知问题	监督违规
没有提供指导	人员配备不合适	没有纠正错误的文件	批准不合格的人员
没有提供监督	任务不符合规则	没有识别危险员工	没有执行规则
没有提供培训	没有给机组提供足够休息	没有采取纠正措施	
没有跟踪表现		没有报告不安全趋势	

二十四、HFACS 中的组织影响包括哪些？

上层管理层的错误决策直接影响监督的实施和操作者的状态及行为，这些组织影响常常被忽略。组织影响包括资源管理、组织氛围和组织过程，如图 5 和表 7 所示。

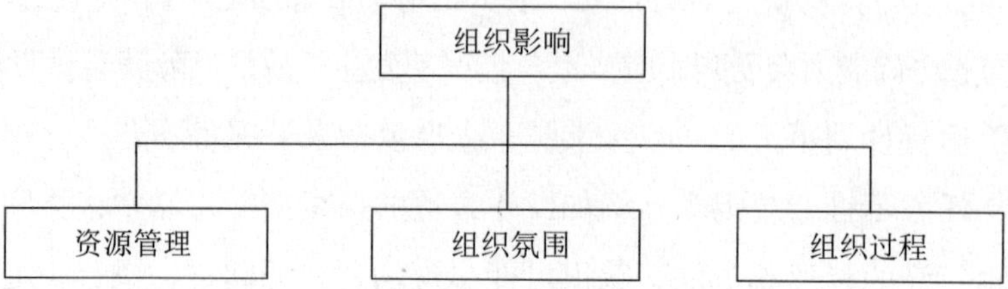

图 5　HFACS 组织影响分类

表 7　HFACS 组织影响举例

资源管理	组织氛围	组织过程
人力资源	行政管理系统	运行节奏
人员配置	沟通	时间压力
财务资源	正式的责任制	有缺陷的计划
过度削减成本	雇佣和解雇政策	安全计划
设备资源	晋升政策	清楚地制定目标
	价值和信仰	
	组织公正	

（1）资源管理：这一部分包括组织资源分配及维持决策，如人力资源、资金和设施 / 设备等。一般来说，单位管理这些资源应该围绕两个不同的目标：安全和运行成本效益。正常情况下，这两个目标很容易平衡和满足，但在特殊情况下，比如，财政紧张等，就经常需要取舍。历史数据显示，在需要取舍的时候，安全经常是被舍弃者。比如，财政困难的时候，组织首先会削减安全和培训，也可能减少购买新设备的资金，导致设备不是最优或者不适合运行；还可能会减少设备维护的资金，不及时纠正设备中已知的设计缺陷，最后的结果可能是培训不足、技术不过硬的员工在不理想的条件下使用有问题的设施设备。

（2）组织氛围：指影响工作人员表现的多种组织因素，包括职责沟通渠道、组织的政策和文化。

（3）组织过程：指组织中管理日常行为的企业决策和规则，包括建立和使用标准操作程序、维护和检查的正确办法以及员工和管理者之间的平衡。比如，组织的高层决定有必要将工作节奏加快，但事实上超过了员工的能力。管理者有可能会使用不合适的排班程序，损害员工休息，或进行非最佳班组搭配，从而增加出事的风险。

二十五、什么是威胁与差错管理（TEM）模型？

威胁与差错管理概念（Threat and Error Management，TEM）来源于美国得克萨斯州立大学威胁与差错管理模型。TEM 模型最初仅用于飞行员对威胁和差错的管理，现在也可用于民航业组织内部不同层面和不同专业。

TEM 模型由三个部分组成：威胁、差错和非期望状态。在民航运行中，威胁是不可避免的，如果民航人员对威胁管理不当就会诱发差错，对差错管理不当又可能导致非期望状态的出现；如果人员对非期望状态也不能有效管理，就会恶化成事故征候或事故。因此，民航人员必须重视威胁、差错和非期望状态的管理。

民航人员在威胁、差错和非期望状态的管理过程中，可能会出现如下三种情况：

（1）没有觉察出威胁、差错和非期望状态，或者忽略威胁、差错和非期望状态，没有作出任何反应。

（2）察觉出威胁、差错和非期望状态，并采取纠正措施，把后果的严重程度降低和控制在可以忽略的范围内。

（3）虽然觉察出威胁、差错和非期望状态，但又诱发了新的威胁、差错和非期望状态，甚至出现事故征候或事故。

根据上述三种情况，威胁、差错和非期望状态管理结果分为四种：无严重后果、诱发新的差错、诱发新的非期望状态、诱发事故征候或事故，如图 6 所示。

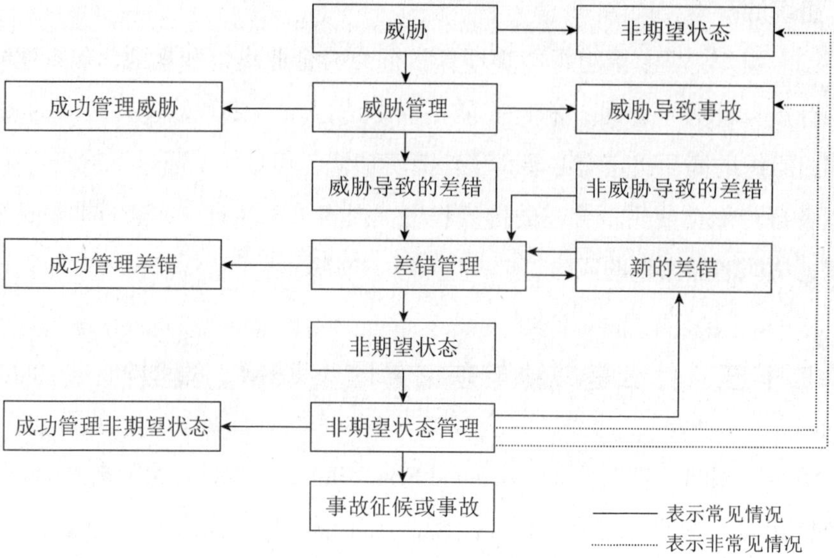

图 6　威胁和差错管理模型

（引自 Threat and Error Managemrnt in air traffic control，ICAO，2005）

二十六、民航系统中的威胁有哪些？

威胁是具备以下条件的事物或错误：①发生在工作组之外；②引发了工作的操纵复杂性；③想要保证安全系数，需要工作组的高度注意和妥善管理。

民航系统中的威胁是指超出人员控制能力之外的使人员工作复杂性增加的事件。民航人员必须考虑应对各种复杂情况来保证民航的顺利运行。这些复杂情况包括：不利的气象条件，机场周围的环境，拥挤的空域，飞机故障，由机组成员、空管人员、机务人员、地勤人员带来的差错，设备的缺陷，不完善的程序，组织因素等。TEM 模型将这些复杂情况都视为威胁，这些发生在工作组之外，但却增加了工作组工作负荷的因素都可能会给民航人员的工作带来负面影响，降低航空的安全系数。

威胁本身不一定是问题，但管理不当就可能诱发差错，进而诱发非期望状态，甚至导致事故征候或事故。例如，有人到管制室或维修地点参观学习，这件事本身并不危险，但如果参观学习人员的行为分散了工作人员的注意力，就可能诱发差错。

民航工作中，威胁是不可避免的。有些威胁是可以预见的，而有些威胁则不可预见，会在意想不到的时间发生。对于不可预见的威胁，民航从业人员必须通过培训和实际操作经验及知识来应对。

威胁管理是差错管理和非期望状态管理的基础。对威胁管理不当会引发人员差错，差错随后会演变为非期望状态。从威胁到差错再到非期望状态发生，这种情况并非必然出现，三者也并非一种线性关系。有时候威胁会直接导致非期望状态，民航人员也可能会在没有威胁的情况下出现差错。即便这样，民航人员也必须对威胁进行积极有效的管理，将威胁消灭在萌芽状态，从而确保航空安全，如表 8 所示。

表 8　对飞行的威胁举例

环境威胁	举例
恶劣天气	雷暴、湍流、低能见度、风切变、结冰条件、仪表气象条件
机场	微弱信号、标识不清、失效的导航设备
空管	含混不清的指令、管制错误
环境运行压力	地形、交通、拥挤的无线电频道
航线威胁	**举例**
飞机	发动机或者自动化异常、与运行有关的设备问题
航线运行压力	绩效压力、延误的航班
客舱	乘务员错误、客舱事件、注意力分散干扰
文件工作	配载报告错误、延迟的文件交换
地面 / 机坪	燃油错误、地面干扰、不恰当的地面支持
地面维护	维修电路问题、维修错误
手册 / 图表	遗漏信息或准备资料错误

二十七、民航系统中的差错有哪些?

差错是具备以下条件的作为或者不作为：①导致背离工作组或单位的意图；②减小了安全系数；③增加了发生事故的频率。民航人员的差错是人员自身的作为或不作为导致结果偏离了人员本身的意图或期望。人员差错可能是源自其本身的局限，也可能是对威胁管理不当所致。民航人员的差错基本上可分为设备操作差错、程序差错和沟通差错三类，如表9所示。

表9 飞行员差错举例

航空器操纵差错	举例
自动化	错误的高度、速度、航向、自动油门设定
飞行控制	错误的襟翼、减速、开关设置
地面导航	试图转向错误的滑行道、跑道，滑行速度超限而错过跑道
人工飞行	人工飞行速度偏离
系统 / 无线电 / 仪表	错误的组件、高度表、燃油开关或无线电频率设定
程序差错	**举例**
简令	遗漏简令项
喊话	省略起飞、下降或进近的用语
检查单	凭记忆完成或省略检查单，遗漏检查项，延迟或在错误时间完成检查单
文件	错误的载重平衡、燃油信息
沟通差错	**举例**
机组对外部人员	错误通话，误解指令，不正确复述 ATC 指令
飞行员之间	沟通不顺或误解

二十八、民航系统中的非期望状态有哪些?

非期望状态是指会导致安全系数降低的非预期的飞行运行条件，它来源于工作组的差错和不作为，比如，飞机爬升或下降到不该到达的飞行高度，或者转向一个飞行计划之外的方向。无效的威胁管理或差错管理都可能会导致非期望状态，进而触发危急状况，降低安全系数。非期望状态比威胁和差错危害更大。非期望状态的出现表明系统安全阈度下降，因此，对民航人员进行非期望状态的识别和管理培训非常重要，对非期望状态的管理比对威胁和差错的管理更重要和紧迫，是避免事故的最后机会。

非期望状态管理在于事前预防。在实时运行过程中，人员所期望的运行状况和实际发展的状况可能会有一些差异，民航人员应该加以识别，并采取正确的措施。对民航人员进行 TEM 模型培训的重点之一就是及时从差错管理转换到非期望状态管理。如果数据输入有差错，管制员后来发现一架飞机爬升到了一个不正确的飞行高度（非期望状态），就必须优先处理潜在的交通冲突（非期望状态管理），而不是优先去更正输入系统的数据（差错管理），如表 10 所示。

表 10　非期望飞机状态举例

非期望的飞机状态	举例
飞机操纵	横向 / 纵向或速度偏离、不稳定进近、重着陆
地面导航	跑道 / 滑行道侵入、错误滑行道、滑行速度超限
错误的飞机构型	自动化、发动机、飞行控制、载重 / 平衡

二十九、民航系统中如何进行威胁差错管理?

威胁与差错尽管不一定都导致严重后果，但绝不能任其发展。威胁和差错不可能完全消除，只能通过适当的形式予以管理并控制在可以被接受的情况之内。在日常工作中，民航人员必须采取措施对威胁、差错和非期望状态进行管理，以保证航空安全。这些应对措施包括系统措施和个人与团队的措施，如表 11 所示。

表 11　威胁和差错管理策略

策略	描述
团队氛围	
沟通环境	建立并保证开放式交流的环境
领导	体现领导能力和协调好团队的工作
团队整体表现	作为风险管理者，整体团队表现好
计划	
简令	提供交互式和详尽的简令
定期计划	运行计划和决策得到沟通和确认
应急管理	团队成员制定有效策略管理威胁
执行	
监视 / 交叉检查	团队成员积极监视交叉检查其他成员的工作
工作量管理	正确的管理工作负荷
自动化管理	合理使用自动化
飞行进程管理	及时更新飞行进程以追踪冲突动态
评价 / 修改	
评估计划	必要时对已有计划进行评估和修改
询问	团队成员敢于提出自己的疑问

（引自 Threat and Error Management in air traffic control，ICAO，2005）

三十、如何利用 TEM 理论体系进行案例分析？

（1）航班号相近

事件经过：CCA958 和 CCA957 同在跑道，CCA958 开车时管制员告知其应答机为 0153，结果 CCA958 和 CCA957 都认为 0153 是给自己的，地面管制员也没有发现。CCA957 起飞之后，雷达根据机组调出的二次应答机编码自动相关成 CCA958 航班，副班管制员从雷达终端发现 CCA957 应答错误，及时纠正。

威胁：同一频率两个航班号相近，CCA958 开车时管制员告知其应答机为 0153，结果 CCA958 和 CCA957 都认为 0153 是给自己的，地面管制员没有发现。

非期望状态：地面管制员没有发现 CCA957 机组接受错误指令，雷达根据机组调出的二次应答机编码自动相关成 CCA958 航班。

非期望状态管理：副班管制员从雷达终端发现 CCA957 应答错误，及时纠正。

（2）机场管制环境

事件经过：在主跑道归航的一系列飞机中，最后一架得到向离场跑道进近的许可，因为当时没有离场飞机。此时塔台管制员正在与地面管制员闲聊。地面管制员向塔台管制员交接一架出港飞机，随后经许可经离场跑道起飞。管制员向外看，才看到起落航线上飞机正在做离场跑道五边进近，而出港飞机已经对准跑道，管制员指令出港飞机加速离场，并告诉起落航线上的飞机有飞机要起飞。离场飞机升空时进场飞机刚好穿过跑道入口。

威胁：管制员在与地面管制员和助理管制员闲聊。

差错：在五边有得到着陆许可的飞机情况下，还许可地面飞机起飞。

非期望状态：许可两架飞机同时使用同一跑道。

非期望状态管理：管制员向外看时，发现了错误，鉴于两架飞机的位置，决定指令出港飞机加速离场，告诉起落航线上进场飞机有飞机要起飞。

三十一、航空领域研究飞行员差错的传统方法是什么？

传统做法是，系统调查事故，重点关注那些与飞行员差错事故相关联的因素。这是一种被动型方法。事故调查确实能够发现事故原因，促发改正措施以防止继续犯错，但需要从根本上将"解决问题"转向强调"预测性安全"。

研究飞行员差错的传统方法的模型如图 7 所示。重点关注事故分析。环境因素、飞机因素、航空公司因素、飞行员因素是传统方法中分析飞行员差错的四个主要因素。进行差错分析时，研究人员更倾向于集中考虑其中一个类别。

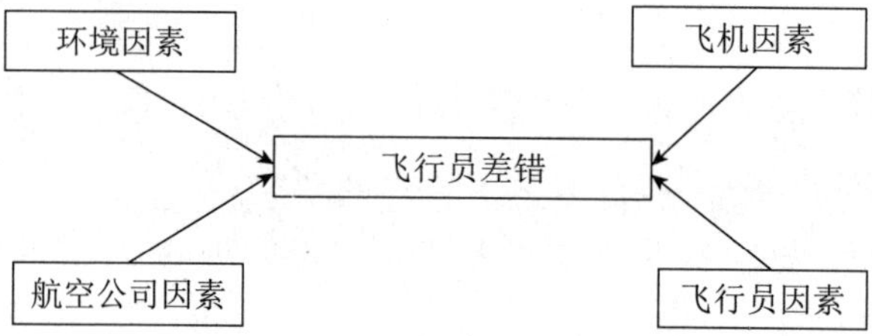

图 7　研究飞行员差错的传统方法

参考文献

［1］李学仁等 . 国际航空人为因素研究现状［M］. 北京：国防工业出版社，2013（2）.

［2］江卓远等 . 国外航空人为因素研究进展［M］. 天津：天津大学出版社，2011（1）.

［3］罗晓利 . 飞行中人的因素［M］. 成都：西南交通大学，2012（2）.

［4］*Human Performance and Limitation*. JAA ATPL Training.

［5］*Threat and Error Management in air traffic control*. ICAO，2005.

［6］McFadden. *An empirical investigation of the relationship between alcohol–*

and drug-related motor vehicle convictions and pilot flying performance.Doctoral Dissertation, University of Texas at Arlington, 1993.

[7] McFadden. *Comparing pilot-error accident rates of male and female airlines pilots*. The International Journal of Management Science. 24（4），443-450.

[8] *The influence of total flight time, recent flight time and age on pilot accident rates*. Golaszwski. Federal Aviation Administration, Office of Aviation Safety, Final Report No.DTRS 557-83-P-80750.1983.

[9] Vail. Eckman. *Pilot-error accidens: male vs. female*. Applied Ergonomics 17, 297-303. 1986.

[10] Novello. *Psycho-social studies in general aviation: I. personality profile of male pilots*. Yourself. Aerospace Medicine 45 (2), 185-188.1974a.

[11] Novello.*Psycho-social studies in general aviation: II. personality profile of female pilots*. Yourself. Aerospace Medicine 45 (6), 630-633.1974b.

[12] Wagstaff etc. *Effects of active noise reduction on noise levels at the tympanic membrane. Aviation*, Space and Environental Medicine 69（6），539-544. 1998.

第五章

民航安全管理体系

一、民航安全管理经历了哪些阶段？

自1903年12月17日莱特兄弟成功试飞有发动机的飞机以来，民航安全管理经历了三个阶段：第一阶段是20世纪初至70年代，民航发生事故主要因机械原因，人们提高安全水平的方法主要是通过不断提高科学技术水平，因此，这一阶段也被称为“技术因素”阶段；第二阶段从70年代至90年代中期，随着科学技术的发展和应用，航空器可靠性水平越来越高，因机械原因导致的事故比率越来越小，人为因素导致的事故比率越来越大，人们在安全管理中开始关注和研究人为因素，这一阶段也被称为“人为因素”阶段；第三阶段从90年代至今，人们发现事故的发生除了有很多技术因素和人为因素之外，组织机构因素也是一项重要的致因，因此，美国联邦航空局（FAA）率先参照质量管理体系（QMS）的做法，建立了安全管理体系（SMS），在取得了良好的应用效果之后，ICAO开始将这种做法向全球民航业进行推广，以提高航空安全水平，这一阶段因此也叫“组织机构因素阶段”。

阶段	名称	始于	安全管理主要措施
第一阶段	技术因素阶段	20世纪00年代	采用更新更可靠的安全技术
第二阶段	人的因素阶段	20世纪70年代	以人为本，避免差错和违规
第三阶段	组织机构因素阶段	20世纪90年代	建立和实施安全管理体系

二、民航业为什么要建立和实施安全管理体系（SMS）？它的范围和作用是什么？

建立和实施安全管理体系是为了全面、系统地识别航空组织中的危险，收集和分析数据，持续地进行安全风险管理，从组织层面建立和实施安全管理体系，以对安全风险进行有效管理，在航空事故和事故征候发生之前积极主动地控制或者减轻风险，降低人员伤害和财产损失的可能性，达到可接受的安全绩效水平（ALoSP）。

安全管理体系可以确保航空组织有效识别危险和进行安全风险管理，使组织获得必要的安全数据和安全信息，获得适合本组织安全目标和运行特点的安全管理工具和方法，依据安全风险进行安全决策，使实施安全管理体系的组织能够持续提高航空安全水平。

民航安全管理体系（SMS）的建立必须与本组织的安全责任和安全目标相匹配，并充分考虑本组织的规模和运行的复杂程度。安全管理体系（SMS）的实施范围包括与航空器安全运行相关的企事业单位，如航空公司、机场、空中交通服务、维修单位、与安全相关的培训机构、飞机/发动机/起落架设计和生产厂家等。其作用是通过安全风险管理，确保航空器运行安全；通过识别危险、收集和分析数据、持续评估风险，持续改进安全；在航空事故/事故征候发生之前积极主动地控制和缓解风险。

三、关于建立、实施和维护安全管理体系（SMS），国际民航组织（ICAO）有哪些参考资料和支持文件？

建立、实施和维护 SMS，ICAO 主要以《安全管理手册》（Doc9859）作为参考资料和支持文件。该手册目前是第三版，包括：手册概览、安全管理基础、安全管理的标准和建议措施、国家安全方案、安全管理体系等内容。2017 年 7 月，ICAO 将发布第四版。新版《安全管理手册》的内容框架包括：手册概览，安全管理基础，安全文化，安全数据、安全信息和相关资源保护，安全数据和安全信息收集、分析、共享和交换，基于风险的安全管理方法，国家安全管理职责，安全管理体系和达到可接受的安全绩效水平等。总之，中国民航企事业单位在建立和实施 SMS 时，应该严格按照我国的安全相关法律、法规的规定和中国民航局相关规章标准要求，并将《安全管理手册》作为重要的参考资料。

四、什么是可接受的安全绩效水平（ALoSP）?

可接受的安全绩效水平（Acceptable Level of Safety Performance，ALoSP）是指国家在国家安全方案（State Safety Program，SSP）中界定的，或者服务提供者在SMS中界定的，以安全绩效目标和指标表示的航空安全绩效的最低水平。每个企事业单位都应该以国家的法律、法规作为底线，同时考虑本单位的安全战略、运行规模和复杂程度、安全投入、安全管理基础、从业人员队伍安全素质、组织安全文化等因素，制定适合本单位的ALoSP。

五、安全管理的ICAO标准和建议措施、国家安全方案、企事业单位安全管理体系之间是什么关系?

《国际民航公约》及其19个附件是国际民航业的标准和建议措施，每个成员国结合本国的国情、安全法律法规以及航空系统规模和复杂程度制定本国的国家安全方案（SSP）。在SSP框架下，企事业单位结合本单位的特点、企业安全战略以及航空系统规模和复杂程度制定适合本单位的安全管理体系（SMS）。

六、安全管理体系（SMS）如何才能取得效果?

安全管理体系（SMS）设计、建设和实施过程中，需要把握以下六个方面才能起到效果。

（1）系统性：SMS中的各个要素之间应该相互匹配，除此之外，岗位之间、部门之间相关安全问题应该保持顺畅的沟通，不同专业单位之间也应该在安全管理方面保持良好的协调机制。

（2）主动性：对于安全问题，单位内从上至下全员都必须能够主动采取安全方面的行动。

（3）个性化：不同单位在建设SMS和实施安全风险管理过程中，因其安全政策、安全投入、安全文化、安全基础、从业人员安全素质以及重点关注问题等方面的差异，SMS设计和建设具有极强的个性化。

（4）执行力：SMS设计得再完善，如果得不到单位各层级的落实，没有任何意义，SMS只有得到有效执行，执行过程中能够持续地评估和改进，才能取得应有的效果。

（5）责任感：SMS的有效实施有赖于组织全体从业人员对于安全责任的认同和担当。

（6）问责制：组织中每个岗位人员在其职责范围内如果不能很好地履行其安全职责，都会有相关明确的制度对其进行问责。

七、什么是安全管理中的3E原则？

安全管理中，3E原则贯穿了安全管理体系（SMS）设计、建设、实施和维护全过程。3E原则是指在安全管理中可以采用强制措施（Enforcement，如安全法律、法规、规章、标准、制度等）、科学技术（Engineering，即通过科学技术的应用达到设施设备的本质安全）和培训教育（Education，即通过安全培训和教育，提高从业人员的安全素质，培养组织积极向上的安全文化）等方法来保证安全目标得以实现，并持续改进和完善安全管理方法和水平。

八、安全管理体系（SMS）由哪些部分组成？

安全管理体系（SMS）包括四个部分：安全政策与目标，这一部分规定了SMS建设和实施的原则和方向；安全风险管理，这是SMS建设和实施的核心部分；安全保证，这是SMS实施过程中的评估、完善和提高环节；安全推广，这是通过安全方面的培训、教育、宣传和信息交流，培养积极向上的安全文化，提高从业人员的安全素质，从而形成SMS有效实施的良好氛围。每个部分之下有若干个相互联系、相互补充的要素，如表1所示。

表 1　安全管理体系

SMS 四个部分	SMS 要素
安全政策与目标	1.1 管理者的承诺
	1.2 安全责任与义务
	1.3 任命关键的安全人员
	1.4 制定协调的应急预案
	1.5 安全管理体系文件
安全风险管理	2.1 识别危险
	2.2 安全风险评估与缓解
安全保证	3.1 安全绩效监测与测量
	3.2 变革管理
	3.3 持续改进安全管理体系
安全推广	4.1 安全培训与教育
	4.2 安全信息交流

九、安全政策应该包括哪些方面？安全政策和 SMS 的其他要素有什么关系？

一个组织的安全政策是安全管理体系（SMS）建设和实施的原则和方向，应该依据国际标准和国家要求制定，至少包括以下内容：对安全的态度和承诺；积极向上的安全文化建设的途径；安全投入的声明；安全报告的程序；明确指出组织不可接受的行为，以及免责的情况；组织的可接受安全绩效水平等。组织的安全政策应该由责任主管签字并向整个组织传达，并根据情况定期或者不定期地进行审查和修订。

安全政策与 SMS 的其他要素有着密切的关系，如安全政策与危险识别，如果安全政策明确了从业人员自愿报告非重大损失的不安全事件的免责政策，管理层就有了全面收集安全数据和安全信息的前提条件；又如，安全政策与风险缓解行动，安全政策中安全投入的原则决定了在风险缓解行动过程中将会获得多少资源的支持，从而间接影响风险缓解行动的效果，如此等等。

十、差错和违规的区别是什么？为什么要区分差错和违规？

差错是导致背离组织机构或个人意图或期望的操作者个人的行为或不作为。未造成严重后果的差错如果自愿报告的话，组织将对其免予处罚。而违规是导致偏离既定的规章、程序、标准或惯例，故意的不当行为或不作为。对于违规的行为，组织将对其进行处罚，若违规行为经过评估后合理，可变为正式程序。

航空组织的安全政策必须严格区分差错和违规，在差错和违规之间有一条清晰的界限。其目的是构建积极向上的安全文化，即对违规进行处罚的负激励；通过对主动自愿报告的未造成严重后果的差错进行免责的正激励，以便全面收集安全数据和安全信息，使安全管理更加全面、有效。

十一、关键的安全人员的职责是什么？

关键的安全人员是指组织层面的安全经理，负责组织安全管理体系（SMS）设计、建设、实施和维护，保证SMS的有效性。安全经理还作为组织安全审查委员会的顾问，为公司高层和部门经理提供安全建议，以及对公司SMS工作进行分解。此外，安全经理还为组织各部门安全行动小组采取相关安全行动时提供具体的指导。

在我国的安全生产法中，还规定了100人以上规模的企业必须设立专职的安全管理部门，配备合格的安全管理人员。对于民航业来说，这是在国际标准基础上提出的更高要求。

十二、在安全管理体系（SMS）中，对于协调应急预案的制定是如何要求的?

航空组织应该制定适当的应急预案，确保在突发事件发生后保持有序且有效的紧急运行状态。应急预案的目标是拯救生命、继续安全运行和尽快恢复正常运行。同时，应急预案应与其他需要进行互动、协作的组织和机构的应急预案保持一致性、协调性，包括组织、职责、权力、流程等方面的接口，从而保证应急行动的有效性。例如，机场的应急预案需要与地方政府、航空公司、空管、消防、救护、公安、医院、酒店等保持一致。

十三、安全管理体系（SMS）文件有哪些?

安全管理体系（SMS）文件包括本组织SMS制定和实施过程中的一系列相关计划、手册、制度、记录、流程、程序、报告及上述每个环节中不同部门和岗位的责任和义务。这些文件需要进行汇编和得到妥善保管，并有定期或不定期进行更新的机制。这些文件需要满足局方相关规章中基本框架和具体内容上的要求，必要时，部分文件还需要获得局方的认可或批准。

十四、安全风险管理的一般流程是什么?

安全风险管理一般包括识别危险、风险评估和风险缓解三个步骤。具体来说，在识别危险阶段，需要对组织的安全管理进行全面的、系统的描述和总结，并根据以往的安全数据和安全信息确定本组织所关注的重点安全事项，在此基础上，分析和寻找导致这些重点安全事项的危险；在风险评估阶段，需要确定上述重点安全事项可能导致的后果的严重度及其发生的可能性，使用风险矩阵分析方法确定风险容忍度或风险等级；在风险缓解阶段，根据前述风险评估结果，以3E原则为法则，组织内进行成本收益分析，确定采用何种风险缓解方法方能有效地对风险进行事前和事后的控制和缓解，以减少重点安全事项的发生概率及降低其后果的危害程度。

十五、危险和安全风险的区别是什么?

危险是导致事故或事故征候的潜在条件或物体。安全风险是来自现有危险或情况的后果或结果的预期可能性及严重性。也就是说，危险是能导致不安全事件的设施、设备、材料、管理制度、标准、程序、工作环境、气候、部门或岗位流程的接口、安全文化甚至于安全管理的顶层设计等物体或条件；而安全风险是（由上述危险引发的）不安全事件发生的可能性和严重性的组合。例如，对于航空人员而言，失眠是一种危险，如果因为失眠而身体疲劳、精神涣散，还继续执勤的话，则有可能造成严重的安全后果，人的局限性、历史的经验告诉我们这个风险的可能性较高、后果较严重。如果这种风险受到控制或缓解，则可以有效预防不安全事件的发生，或者最大限度地降低风险发生的可能性和后果的严重性。

十六、识别危险有什么要求?

为有效地识别危险活动，组织内部需要建立基于安全数据和安全信息的识别危险的正规程序，并根据实际执行中的反馈定期评估，必要时进行改进和完善。识别危险的方法可分为被动式、主动式和预测式。被动式识别危险是指本组织发生了不安全事件或者以在局方监管时发现的问题为出发点，识别本组织存在的危险的方法；主动式是指本组织根据行业安全信息、安全报告以及安全研究结果，主动地识别本组织潜在的危险的方法；预测式是指根据安全数据统计分析结论、安全研究结果或其他可靠论断，识别本组织危险的方法。

十七、识别危险的数据源有哪些？

识别危险的数据源可分为内部数据源和外部数据源。内部数据源主要是指组织内部正常运行数据、强制报告系统数据、自愿报告系统数据、不安全事件调查结论、安全审核发现、安全绩效监测与测量结果、安全培训与安全会议的反馈等，其中，自愿报告系统数据是全面识别组织危险的最重要数据源；外部数据源包括行业事故报告、国家强制报告、国家自愿报告、国家监管审计结果、行业安全信息交流系统数据和信息等。

十八、安全风险评估的一般流程是怎样的？

首先，对识别的危险所导致的不安全事件进行后果严重性和可能性分析，完成风险评价；其次，根据不安全事件发生可能导致的人员伤害和财产损失程度进行分析，完成后果严重性评价；再次，对不安全事件发生的可能性或者概率进行计算，完成事件发生可能性评价；最后，根据前述评价或计算得出的结果，使用安全风险矩阵法确定风险可容忍度或风险等级。

十九、安全风险评估时，为什么要用风险的可能性和严重性共同来确定风险等级或风险容忍度？

在安全风险评估时，通过确定的风险可能性和后果严重性，使用安全风险矩阵来确定其风险等级或风险容忍度，便于安全风险管理抓住重点，如不可容忍的高度风险，是需要组织实施优先的风险缓解措施，确保额外的或增强的预防控制措施到位，从而降低风险等级至中度或低度的范围；同时，还有利于成本控制，如风险缓解之后可接受的中度风险，管理层可通过成本效益分析（CBA）之后采取最优、最经济的预防和缓解措施，使风险指数降低至低度范围；最后，还有利于识别可容忍风险，而无须将安全问题无限放大，如低度风险无须采取进一步的风险缓解措施，如表 2 所示。

表 2　安全风险评估

风险概率	风险严重度				
	灾难性的 A	危险的 B	重大的 C	较小的 D	忽略不计 E
频繁的	5A	5B	5C	5D	5E
偶然的	4A	4B	4C	4D	4E
少有的	3A	3B	3C	3D	3E
不大可能的	2A	2B	2C	2D	2E
极不可能的	1A	1B	1C	1D	1E

二十、什么是安全风险缓解？安全风险缓解的原则和策略是什么？

根据评估的风险可容忍度或风险等级，投入适当的资源，对不安全事件发生的可能性和严重度进行控制或缓解的过程。

安全风险缓解原则是 3E 原则，即采用强制措施（Enforcement）、科学技术（Engineering）和培训教育（Education）的安全管理方法进行风险缓解的原则。

安全风险缓解的具体策略可分为：规避、控制、转移、保留、消除和降级。

二十一、什么是 Bow-Tie 模型，它在安全管理中如何应用？

Bow-Tie 模型是安全风险管理的一种分析方法，它最早出现在澳大利亚昆士兰大学关于帝国化学工业公司危害分析的课程讲义中，随后壳牌公司将其应用于阿尔法钻井平台爆炸灾难分析中，至今这一技术已被广泛应用到一些重大事故调查中，如图 1 所示。

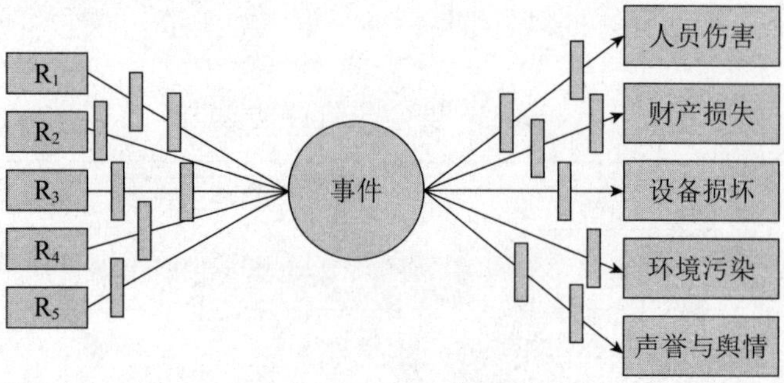

图 1　Bow–Tie 模型

在中国，Bow–Tie 模型也叫领结图或蝴蝶图。完整的领结图用图示说明危险、顶层事件、风险事件及其潜在结果，以及为减少风险而建立的风险控制机制。在使用过程中，首先根据安全数据和安全信息的分析，确定需要进行分析的关注事件，即顶层事件；然后使用故障树分析法将导致该顶层事件发生的所有原因或危险放在顶层事件的左边；再使用事件树分析法将该顶层事件导致的后果放在右边，从而体现某顶层事件的发生和发展机制。在安全风险管理过程中，可以考虑在顶层事件发生之前，采取适当的措施，包括强制措施、科学技术和培训教育等，预防事件的发生或阻断危险导致事件发生的机制；同时还需要考虑在预防和阻断措施失效而导致事件不幸发生之后，应该采取适当的措施降低后果的严重性，或阻断事件发生导致产生不必要的结果或减轻该结果的严重影响程度。

领结图分析法结构简单、操作容易、使用方便，其局限性在于，分析复杂度较高的顶层事件时过于简单，不能完整地、深入地、全面地分析整个事件发生发展过程。

二十二、什么是安全绩效监测与测量，它在安全管理中有什么作用?

安全绩效监测与测量是国家在 SSP 中规定的，或企业在 SMS 中规定的，对根据安全数据和安全信息分析得出的需要关注的事项制定安全绩效指标、安全绩效目标，进行持续监测和测量的过程。当所监测的指标达到告警值时，需要国家或者企业采取适当的基于安全风险管理的安全行动，以完善和提高SSP或SMS，保证其实施的有效性。

二十三、安全绩效监测与测量和绩效考核的区别是什么？

安全绩效监测与测量是国家在实施安全监管活动或者企业在安全管理过程中采用的安全监督和管理办法，其目的是发现SSP或者SMS中存在的偏差和疏漏，并以此为依据，持续完善和改进SSP或SMS，以达到国家或者企业既定的可接受的安全绩效水平。

安全绩效考核是安全绩效管理的一个环节，是某组织在既定的安全战略目标下，运用特定的标准和指标，对员工或部门的安全行为及取得的安全业绩进行评估，并运用评估的结果对员工或部门将来的工作行为和工作业绩产生正面引导的过程和方法。安全绩效考核在一定程度上促进了组织的安全发展，但同时它也产生了极大的负面影响。目前，这种管理方式已日渐式微。

二十四、安全绩效管理的SMART原则是什么？

安全绩效管理的SMART原则是指在实施安全绩效管理过程中，需要把握具体的（Specific）、可测量的（Measurable）、可实现的（Attainable）、相关的（Relevant）和期限明确的（Time bound）五个原则，才能达到其预定的效果。在民航业的安全绩效管理中，可测量和可实现是最关键的两个原则。

具体的（Specific）是指安全绩效指标和目标要切中特定的安全管理活动，不能笼统、含糊。

可测量的（Measurable）是指安全绩效指标和目标是可量化或者行为化的，验证这些绩效指标的数据或者信息是可以获得的。

可实现的（Attainable）是指安全绩效指标和目标在付出适当努力的情况

下是可以实现的，避免设立过高或过低的目标。

相关的（Relevant）是指绩效指标和目标是与安全的其他目标相关联，或者是指绩效指标和目标是与组织、部门或岗位安全工作相关联的。

期限明确的（Time bound）是指完成安全绩效目标的特定期限。

二十五、安全绩效管理的基本方法是什么？

民航安全绩效管理的基本方法和流程如下：第一步，建立组织安全绩效管理、检验风险控制有效性的制度和方法；第二步，根据以往安全数据和安全信息的分析结果，确定组织的安全绩效指标，并区分高严重后果指标和低严重后果指标；第三步，根据上一时期的安全数据和安全信息确定本期（一般是年度的）的安全绩效目标和告警值；第四步，持续收集安全数据和安全信息，对这些指标进行持续监测和测量；第五步，当有安全绩效指标达到告警水平，或者没有完成安全绩效目标，则需要采取安全行动对安全管理体系（SMS）存在的问题予以纠正，特别是识别新的或被遗漏的危险，以及采取风险评估和缓解，或者对现有的风险缓解措施进行评估和改进；第六步，上一时期的安全绩效监测与测量结果作为下一阶段安全绩效管理的重要参考依据。

二十六、什么是安全变革管理？

随着组织安全管理内外部环境的变化，安全管理体系（SMS），特别是安全风险管理需要进行变革管理，即定期或者不定期地识别随着环境变化产生的新的危险或遗漏的风险，并制定新的有效的风险控制和缓解措施，或对已识别风险的控制和缓解措施进行重新评估，必要时制定新的措施，以满足变化的要求。在民航业中，如新机型的引进、新航线的开辟、组织机构的变化，安全法律、法规、规章、标准的改版等，都是安全变革管理的契机。

二十七、如何持续改进安全管理体系（SMS）？

安全管理体系（SMS）作为组织层面的一套航空安全的管理体系，自我持续改进、完善和提高的功能是必须具备的一个特性，其目的是持续改进、完善SMS，确保航空安全绩效水平不断提高。持续改进SMS主要是通过内部评价和SMS审核的方法和手段，监测和评定SMS过程有效性，即对安全绩效指标进行衡量、对安全后续行动进行验证，以确保SMS整体绩效的持续改进。

内部评价是对企事业单位的安全管理活动或过程进行评价，为组织机构的决策过程提供信息，如对危险识别和安全风险缓解、安全保证、安全宣传等进行评价。

SMS审核包括内部审核和外部审核。SMS内部审核是企事业单位对自己的安全管理体系进行系统的检查，为获得SMS及其支持系统的实施情况和有效性的相关信息。SMS外部审核是由第三方组织和实施的独立审核，如民航安全监管单位对企事业单位的SMS有效性审核，外部审核更具有客观性和独立性。

二十八、安全推广的作用是什么？

安全推广是通过对组织内全体员工的培训教育和信息分享，辅助于清晰的安全职责、有效的绩效管理、全面的风险管理和科学技术的应用，在组织内形成积极向上的安全文化，影响组织和个人的行为，为遵守和实施政策、法规、规章、标准、制度和流程营造一个有利的安全环境，从而使组织能够完成安全目标。

积极向上的安全文化是组织安全管理过程中与之匹配的价值观、态度以及所采取的行动，是安全管理体系（SMS）有效实施的基础。高层管理者为整个组织的安全文化推广发挥了关键的引领作用。

二十九、安全培训与宣传的基本要求有哪些?

民航企事业单位应该建立本单位的安全培训大纲，保证全员均能获得与其参与 SMS 程度相适应的、与其部门和岗位安全职责相匹配的安全培训。除了初始培训之外，从业人员还应该定期获得知识更新和巩固的复训。安全培训内容至少应该包括安全相关法律法规、民航安全规章和标准、组织安全政策、安全责任与义务、安全风险管理、安全保证、安全信息报告与管理、安全管理体系（SMS）的基本原则等。企事业单位应该为全体员工建立培训档案，记录其安全培训的相关内容。

三十、安全管理体系（SMS）建设与实施步骤是什么?

民航安全管理体系（SMS）建设与实施一般包含以下步骤：第一步是按 SMS 要素与要求对组织的安全管理现状和接口进行系统审查和描述；第二步是考虑将 SMS 与组织内其他体系进行一体化融合，如 QMS、SeMS、OHSMS 等；第三步是对照法律法规、SMS 框架要求和最佳实践，对组织现行安全管理进行差距分析；第四步是制订 SMS 实施计划，包括实施内容、时间表、分阶段实施目标、协调问题、记录与任务分派、评估与改进机制等；第五步是制定安全绩效指标，设立每个指标的目标值和告警值。

三十一、安全管理体系（SMS）的实施可分为几个阶段?

一般情况下，一个组织的安全管理体系（SMS）建设和实施可分为以下四个阶段：

第一阶段是计划组织阶段，组织需确定 SMS 责任人、建立 SMS 团队、确定 SMS 实施范围、进行差距分析，制订 SMS 实施计划，任命 SMS 经理，组建 SMS 办公室，收集安全信息，编制 SMS 文件，启动安全培训教育和信息交流。这一阶段一般需要 12 个月。

第二阶段是被动处理阶段，因为组织刚建立和实施 SMS，很多方面还需要磨合和协调，在此阶段，组织需要制定安全政策与目标，确定全体员工的安全责任和义务，建立公司层级的 SMS 协调机制，建立部门级安全行动小组，编制协调的应急预案，规范 SMS 文件，继续开展培训教育和信息交流。这一阶段一般需要 12 个月。

第三阶段是主动处理阶段，经过一段时间的 SMS 运行，组织在安全管理中已经形成了良好的制度和氛围，在此阶段，组织需要建立安全事项自愿报告制度，完善安全风险管理程序，建立强制报告系统，确定本组织的高严重后果安全绩效指标和目标，开展变革管理，开展组织内、外部审核工作，规范 SMS 文件，继续开展培训教育和信息交流。这一阶段一般需要 18 个月。

第四阶段是持续改进阶段，组织需要严格区分差错与违规，开展事后危险识别和自愿报告危险识别，整合相关单位的风险管理，确定本组织的低严重后果安全绩效指标和目标，开展 SMS 审核，规范和完善 SMS 文件，完成全员安全培训，促进安全信息交流。这一阶段一般需要 18 个月。

三十二、安全管理体系（SMS）的关键要素是什么？

安全管理体系（SMS）中 12 个要素相互配合、相互作用，形成一个完整和谐的系统，完成其预定的管理组织安全的功能。其中，安全风险管理是核心，安全信息管理是驱动，安全绩效管理是企事业单位对下属部门进行安全管理的重要方法，安全目标以可接受的安全绩效水平来表示。以上四个方面是安全管理体系（SMS）中最关键的要素。但是我们仍然不能忽视的是：积极向上的安全文化是一个组织建设和实施有效的、持续完善的安全管理体系（SMS）并完成安全目标的基础。

三十三、安全管理的发展方向如何？

民航安全管理从传统的管理方法发展到现在，人们从关注航空器、设施和设备的技术因素和航空人员的人的因素向关注组织机构因素转变，以建立和实施安全管理体系作为手段和方法，从而实现持续提高的安全目标。而这一切都以积极向上的安全文化为基础。因此，从长远来看，民航安全管理的发展方向是建立和实施包括公正文化、报告文化、学习文化、知情文化和灵活文化在内的积极向上的安全文化，以实现航空安全的长治久安。

参考文献

［1］国际民航组织 . 安全管理手册 . Doc 9859 第三版 . 2013.

［2］国际民航组织 . 安全管理 .《国际民航公约》附件 19. 2013.

［3］中国民用航空局 . 民用航空安全信息管理规定 . CCAR396R3. 2016.

［4］［美］Michael Ferguson 著 . 航空安全：航空业的平衡取向 . 卢建综译 . 北京：机械工业出版社，2015.12.

［5］［美］Alan J. Stolzer，Carl D. Halford，John J.Goglia 著 . 民航安全管理体系 . 李继承等译 . 北京：中国民航出版社，2012.7.

［6］［美］马努基 · S. 帕坦卡，杰弗里 · P. 布朗，爱德华 · J. 萨宾等著 . 安全文化：实施并推进航空与医疗行业文化变革 . 孙佳等译 . 北京：中国工人出版社，2015.1.

［7］中国民用航空局 . 民用航空安全管理规定 . CCAR398. 2016.

［8］孙佳，高洪江 . 我国民航安全管理体系建设与实施分析 . 中国铁路［J］. 2012,（4）.

［9］赵鹏，宋存义 . 我国民航实施安全管理体系（SMS）的思考 . 中国安全生产科学技术［J］. 2007, 3（1）.

第六章

航空安保

一、民航安保的内涵是什么?

《国际民用航空公约》附件17中将“民航安保”界定为，为保卫民航安全免受非法干扰行为的影响而采取的措施和使用的人力和物力资源的综合。我国民航的安保威胁表现为劫持、攻击和破坏民用航空器以及袭击民用机场人员和设施等。

民航安保工作的基本目的是防止和减少对民航的破坏活动，保护运输中的人员、航空器、机场以及其他民航设施设备的安全。

二、国际恐怖组织的特征有哪些?

民航是一个与国际高度接轨的行业，因此，我国民航受到的恐怖组织威胁不仅限于国内，还需应对国际恐怖形势，特别是对与中国接壤的国家恐怖形势要有充分的了解。目前，国际恐怖组织呈现出新的特征：全球布局，分支众多；决策更快速；培训更趋向专业；打击目标种类更多；手段多样。

三、对中国来说，恐怖来源有哪些?

《反恐法》对恐怖主义的定义是通过暴力、破坏、恐吓等手段，制造社会恐慌、危害公共安全、侵犯人身财产，或者胁迫国家机关、国际组织，以实现其政治、意识形态等目的的主张和行为。

威胁到中国领土完整与社会安宁的恐怖组织主要有以下几个来源：分裂主义势力、极端宗教势力、暴力恐怖势力；利用中国作为恐怖活动实施场所的行为；其他外国敌对势力；邪教组织；受蛊惑的个人。

这些恐怖组织惯用的行动手段不外乎为自杀式恐怖袭击、劫机、炸机、武力袭击、核生化材料等，其中，劫机、炸机成为中国民航的主要防控领域。

四、我国应对国际恐怖组织的脆弱性表现在哪里？

我国对打击国际恐怖主义的立场是坚定的，是一致的，是不因时、不因地的改变而发生变化的。我国虽然总体上国泰民安，国家对恐怖主义的苗头发现及时、打击有力，但是，近几年，我国应对国际恐怖活动暴露出一些问题：反恐意识薄弱；社会公信缺失；执政能力不强；情报信息不畅；专业力量不足。

五、民航反恐工作和安防工作的关系是什么？

恐怖活动是最为严重的非法干扰活动，是危害最大的航空犯罪活动。防范和处置恐怖活动，是空防安全工作的核心组成部分；防范和处置恐怖活动的能力，是空防安全工作的关键评价标准。

六、民航反恐安保工作有哪些特点？

民航反恐安保工作主要有以下特点：

（1）民用航空器具有脆弱性，且民航重点场所、设施、设备等点多面广，是民航反恐工作面对的不利条件。

（2）民航历来是恐怖活动的重点袭击目标，近年来，恐怖活动样式变化、手段翻新，是民航反恐工作的难点。

（3）民航反恐安保工作具有显著的国际性，同时受到国内、国外的威胁，因此，需要充分利用国际合作与交流。

七、如何开展民航反恐安保工作？

开展民航反恐安保工作要明确反恐职责，强化地方领导；完善体系建设，实现动态管理；加强情报能力，建立信息网络；建设良好文化，培养反恐意识；组织专业培训，强化业务水平；改善装备水平，提升应对能力。

八、国际航空安保组织的基本概念是什么?

航空安保组织是由航空安保成员（如机长、空中警察、安检人员等）或组成单元（如航空运输企业的安全保卫部门、民航管理机构的安全部门、武装力量等）彼此交织共存的关系构成。这种关系既有纵向的隶属关系，也有横向的协调关系，还有纵横向联结的关系。

九、国际航空安保组织有哪些?

国际航空安保组织主要有：国际民航组织（ICAO）、国际航空运输协会（IATA）、欧洲民用航空委员会（ECAC）、国际机场理事会（ACI）。

十、我国航空安保组织有哪些?

我国民用航空运输行业的管理机构是国务院民航主管部门，目前承担这一职责的是中国民用航空局（以下简称民航局）。其下属公安局代表民航局对民用航空安全保卫行使管理职责，负责起草民用航空安全保卫的法律和法规，制定民用航空安全保卫的国家基本政策，制定和发布民用航空安全保卫的规章和标准，对民用航空安全保卫工作实施统一管理、监督和检查；负责制定、管理和监督执行《国家民用航空安全保卫规划》，并通知国际民航组织。作为与之配套的组织安排，在民航局的各地区派出机构（民航地区管理局）中也相应设立了地区民航局公安局，负责管辖区内的航空安保工作。而民航安全监督管理办公室作为民航地区管理局的派出机构，代表民航地区管理局对辖区内的有关单位执行民航安全保卫法律、法规和规章标准的情况，实施日常监督检查。

就航空运输运营单位而言，专门的航空安保机构还包括机场公安机关、机场安全检查机构和空中安保机构等。航空运输运营单位的航空安保工作接受民航局以及地区管理局的监督和管理。

十一、民航安保法律的概念与特点是什么？

航空安保活动的复杂性决定了航空安保法的复杂性，从航空安保法的内容来看，它包括国际法、国际刑法、刑法、技术性立法等多种法律门类。民航安保法律主要有以下特点：

（1）国际性。一是民航安保法律的形式具有国际性，除了国内立法之外，还包括了大量的国际公约、国际组织法律文件；二是民航安保法律执行具有国际性，这主要体现为缔约国应当按照《国际民用航空公约》附件 17 确立的标准与措施，实施本国的安保措施。

（2）复杂性。一是袭击手段多样，从过去的刀具、枪支、炸药等工具转变为生化核武器，甚至是地对空导弹等高科技手段；二是外部环境更为复杂，民航运输成为恐怖分子“青睐”的重要目标；三是旅客扰乱性行为增多，给安保工作带来干扰。

（3）公法性。民航运输的安全以及正常秩序属于公共利益的范畴，因此，应当属于公法调整的对象。

十二、我国民航安保法律体系包括哪些内容？

我国民航安保法律体系分为法律、法规、规章及规范性文件四个层次，如表 1 所示。

表 1　我国民航安保法律体系及相关文件

类别	内容
法律	《刑法》《民航航空法》《治安管理处罚法》

续 表

<table>
<tr><th>类别</th><th colspan="2">内容</th></tr>
<tr><td>法规</td><td colspan="2">《民用航空安全保卫条例》</td></tr>
<tr><td>部门规章</td><td colspan="2">《中国民用航空安全检查规则》《民用机场航空器活动区道路交通安全管理规则》《航空安全员合格审定规则》《公共航空旅客运输飞行中安全保卫规则》《民用航空运输机场航空安全保卫规则》《公共航空运输企业航空安全保卫规则》</td></tr>
<tr><td rowspan="2">规范性文件</td><td>一般性规定</td><td>《国家民用航空安全保卫规划》《民航总局关于贯彻实施〈中华人民共和国民用航空安全保卫条例〉有关问题的通知》《国家民用航空安全保卫质量控制计划》《关于印发〈民用航空背景调查规定〉的通知》《关于背景调查适用对象的解释》《关于进一步规范境外驾驶员背景调查工作的通知》《民用航空安全保卫应急演练管理规定》《民航总局公安局关于下发试行〈处置非法干扰民用航空安全行为程序〉的通知》《民用航空安全检查工作信息报送管理规定》</td></tr>
<tr><td>安保运行</td><td>《民用机场公安机关治安防控工作实施细则》《关于修改印发〈民用机场公共区域治安防控规定〉的通知》《关于印发〈民用机场候机楼出入口防爆检查工作规定〉的通知》《民用航空运输机场航空安保管理体系（SeMS）建设标准》《中国民用航空安全员业务训练大纲》《关于加强公共航空运输企业安全保卫工作的意见》《关于加强航空安全员器械装备配备和管理的通知》《公共航空运输企业航空安保管理体系（SeMS）建设标准》《国家民用航空安全检查培训管理规定》《关于实施〈关于禁止旅客随身携带液态物品乘坐国内航班的公告〉的指导原则》《中国民用航空货物运输安全保卫规则》《民航总局关于规范货物安全检查工作的通知》《民用航空运输机场消防站消防装备配备》《民用机场航空器活动区机动车辆行驶性能检验规范》《关于印发民航企业事业单位内部治安保卫工作的通知》</td></tr>
</table>

在实践中，规范性文件在我国民航安保工作中占有非常重要的地位，对有关航空安保的行政法规和行政规章起到了必要的和有效的执行作用，在一定条件下还起到了补充的作用。

十三、我国航空安保各单位职责是什么？

（1）机场公安机关。

我国在1981年正式成立机场公安机关，执行民用航空法规和规章，承担机场航空安全保卫工作，接受国家航空安全主管当局及其派出机构的指导、检查和监督。

机场公安机关在航空安全保卫方面的具体职责主要有：

①对机组、空中警察、安全检查机构移交的案件进行查处；

②承担安检现场执勤、维护安检现场治安秩序；

③承担空防安全信息和工作情况的收集、统计和上报工作；

④处置非法干扰民用航空安全事件；

⑤承担机场辖区内治安管理和道路交通管理工作；

⑥承担危害民用航空安全犯罪和辖区内其他刑事犯罪案件的侦查工作；

⑦承担辖区消防监督检查工作及专机地面安全警卫工作；

⑧处理其他影响机场安全的事项。

（2）民用航空安全检查机构。

安全检查是航空安全保卫工作不可缺少的环节和措施。安全检查队伍是航空安全保卫系统的重要组成部分。我国在20世纪80年代初，正式在民用航空活动中实施安全检查。1981年3月15日，公安部发布了关于航空安全检查的通告，决定自1981年4月1日起对国际航班实施安全检查。同年11月1日，又开始对国内航班实施安全检查。至此，安全检查工作登上中国民航的历史舞台。

民航安全检查机构是实施安全保卫的关键部门，其职责主要包括：

①依照有关法律、法规，通过实施安全检查工作，防止危及航空安全的人员及物品非法进入机场控制区特别是民用航空器，保障民用航空器及其所载人员、财产的安全；

②负责对乘坐民用航空器的旅客及其行李、进入机场控制区的其他人员

及其物品，以及空运货物、邮件的安全检查；对候机隔离区内的人员、物品进行安全监控；对执行飞行任务的航空器进行监护；

③负责机场安全检查设备的维修、测试和维护工作。

（3）空中安保机构。

空中安保机构包括航空安全员队伍和空中警察队伍。早在1973年，国务院、中央军委就批准在我国的国际航班上设置专职安全保卫的“航空安全员”。航空安全员在机长的统一指挥下，负责空中的安全保卫工作。目前，航空安全员作为机组成员，执行空勤人员待遇。公共航空运输企业应当配备航空安全员，航空安全员在业务上接受民航局公安局的领导。

“9·11”事件以后，作为航空安全保卫的空中壁垒，迫切需要一支过硬的警察队伍来完成这项重要的任务，同时，法律赋予人民警察的执法权力也是保障空中安全的有力武器。因此，国务院于2003年批准成立了中国民航空中警察队伍。民航公安局向公共航空运输企业派驻空中警察队伍。空中警察队伍由民航局公安局和公共航空运输企业双重管理，以民航局公安局领导为主。

飞行中航空安全保卫工作由机长统一负责。空中警察和航空安全员在机长的领导下，维护飞行中的民用航空器内的秩序，防范和制止劫机、炸机以及其他对民用航空器的非法干扰行为，保护民用航空器及其所载人员和财产安全。

空中安保人员的具体职责主要有：

①在旅客登机前和离机后对客舱进行检查，防止无关人员、不明物品留在客舱内；

②制止与执行航班任务无关的人员进入驾驶舱；

③在飞行中，对受到威胁的航空器进行搜查，妥善处置发现的爆炸物、燃烧物和其他可疑物品；

④处置劫机、炸机及其他非法干扰事件；

⑤制止扰乱航空器内秩序的行为；

⑥协助有关部门做好被押解人犯、被遣返人员在飞行中的监管工作；

⑦协助警卫部门做好警卫对象和重要旅客乘坐民航班机、专机的安全保卫工作；

⑧执行上级交给的其他安全保卫任务。

十四、航空安保管理体系（SeMS）的基本概念是什么？

航空安保管理体系（Security Management System，SeMS）的提出，是在民用航空界提出了 SMS 概念的情况下，航空安保领域进行的相应的调整。

国际航空运输协会（IATA）在国际民航组织安保专家组第 9 次会议上首次倡导建立航空安保管理体系（SeMS）。国际航空运输协会认为，SeMS 能够通过威胁评估、安保审计、绩效评估等机制将安保规章制度与安保实践有效地整合，具有提高标准的符合性、提高安保运行效能、优化安保措施、提升质量控制水平、提升安保文化等效果。

考虑到国际民航组织已经在安全领域推行 SMS，同时部分国家已经在研究或者部署 SeMS，国际航空运输协会建议在国际民航组织框架内推行 SeMS，并要求在新修订的《国际民航公约》附件 17 工作中，将制定 SeMS 作为安保标准之一。

国际航空运输协会关于 SeMS 的倡议，得到了一些国际性的民航组织和国家的响应。例如，国际机场理事会（ACI）认为应该充分注意建立 SeMS 的优越性，并建议国际民航组织尽快制定关于 SeMS 的指导性材料；新西兰等国也建议国际民航组织考虑制定 SeMS 的指导性材料或者在修订附件 17 中予以体现。

SeMS 是在相对安全理念、系统安全理念、过程管理理念、威胁评估和风险管理方法、航空安保中人的因素以及安保文化的基础上对原有的管理方法进行系统化的整合，包括安保政策、安保目标、安保策划、组织机构、职责与权限、资源配置、威胁评估、危险识别、风险评价、风险缓解、文件及控制、信息与沟通、能力与培训、质量控制、应急响应等要素；采用闭环管理模式（PDCA），即策划（Plan）、实施（Do）、检查（Check）、处置（Action），使体系（SeMS）各要素分四个阶段按顺序有效运行。

十五、我国民航关于 SeMS 工作的要求是什么？

中国民航的 SeMS 是随着 SMS 的建设而提出的。在国际民航组织提出在缔约国建立 SMS 的要求后，中国民航予以积极的响应。在民航总局“十一五”发展规划中，明确提出要在“十一五”期间建立航空安全管理系统（SMS），并将 SMS 作为民航总局建立新一代民航运输系统的重要组成部分。2007 年 3 月 13 日，民航总局下发《关于中国民航实施安全管理体系（SMS）建设的通知》（总局发明电〔2007〕748 号），要求在 2010 年全国建立符合国际民航组织要求并适合中国国情的民航安全管理体系。

按照民航总局 SMS 建设领导小组的要求，成立了 6 个专业组，具体负责 SMS 建设的各个专业领域。民航总局公安局作为其中一组，具体负责航空安保管理系统（SeMS）的建设工作。随即在 2007 年 3 月 30 日，民航总局公安局下发了《关于启动航空安保管理体系（SeMS）建设试点工作的通知》（总局发明电〔2007〕985 号），就此正式开启了 SeMS 的建立历程。

试点工作开始后首先确定了 4 家具有代表意义的民航企业作为试点单位，包括首都机场股份有限公司和西安咸阳机场两家民用机场，以及东方航空股份有限公司和春秋航空公司两家航空公司。试点期间，行业多次召开研讨会，探讨 SeMS 的理论方法和实务步骤，并于 2009 年下发了行业第一份系统地阐述 SeMS 构成及建设指导的官方文件《航空保安管理体系（SeMS）建设指南》。

十六、航空安保管理体系（SeMS）由哪些内容构成？

SeMS 本质是关于航空安保的系统化管理行为。航空安保工作的最终目的是保卫航空安全。

SeMS 主要分为组织保障子体系、目标管理子体系、风险管理子体系、运行管理子体系。组织保障子体系包括组织结构、职责与权限、资源配置等要素；目标管理子体系包括安保政策、安保目标、安保策划、绩效监测、管理评审五要素；风险管理子体系包括威胁评估、危险识别、风险评价和风险缓解四个要素；运行管理子体系包括文件控制、信息沟通、能力培训、质量控制和应急响应等。SeMS 框架示例如图 1 所示。

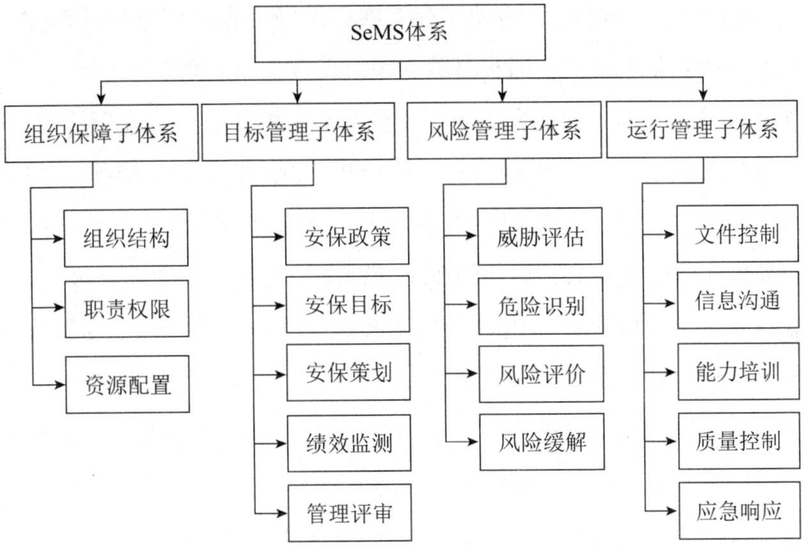

图 1　SeMS 框架图

下面以机场 SeMS 为例，说明 SeMS 的构成。

（1）目标管理子体系。

①安保政策。机场安保政策应当包括法律、法规的要求，企业社会责任，航空安保相关者的利益，企业现实的和可接受的安保水平，“安全第一、预防为主、综合治理”的方针，积极的安保文化，总体安保目标，为有效的安保管理提供的必要资源，关于各级安全责任和问责办法的政策。安保政策应当是由管理者批准、由最高层管理者授权发布并传达到全体员工的一份书面文件，是高层管理者对航空安保作出承诺的具体体现，此类安保政策的另一种表达方式是首席执行官对保持最高安保标准作出承诺的声明。

②安保目标。安保目标是与可接受的安全保卫水平相关的量化目标，一系列不同的绩效指标比单一指标更好地体现了企业可接受的安保水平。企业可以采用签订责任书和安保协议的形式，根据各部门的职责分工和管理方式将安保目标分解到每一个岗位或每一个提供安保相关服务的合约方。

③安保策划。策划是管理的首要基本职能，一切与航空安保工作相关的内容都需要有效的策划。为了实现对于航空安保的承诺，最高管理者必须进行一系列的策划工作，包括致力于实现什么目标，如何实现这些目标，为实现这些目标开展哪些必要的活动，有哪些必需的过程，建立何种形式的组织结构，需要提供哪些资源，通过哪些手段以保证 SeMS 的良好运行等。

④绩效监测。绩效监测是企业对安保运行中的相关信息进行收集和统计，并在统计的基础上进行原因分析和趋势分析，统计的信息应当包括安保目标或分解目标的实现情况，安保事件数量，违规及其他不安全操作次数，发现问题的处理率和处理效果，设施设备保障情况，安保事件的响应情况。

⑤管理评审。管理评审内容包括现有安保政策的适用性，安保目标的制定和更新，现有风险缓解控制措施的有效性，安保组织机构及职责与权限分配的合理性，安保资源的充分性，安保信息相关过程的有效性，近期安保绩效，运行环境变化，安保管理体系改进的需要；目的是总结航空安保工作的业绩，从中找出与预期目标的差距，从而明确改进方向。管理评审的结果应包括：对安保管理体系以及过程改进的决策或决定，对安保政策、安保目标和指标变更的决策或决定，对安保组织机构、资源需求的决定，未来安保绩效监测的重点等。

（2）组织保障子体系。

①组织结构。企业为了达成一个特定的目标而划分出不同的部门，企业主要负责人对本单位的航空安保工作全面负责，设置至少一名主管航空安保的高层管理人员直接向主要负责人报告，对安保管理体系和安保绩效负责，并有能力为实现安保目标配置安保资源；设立独立的航空安保质量控制部门向主管航空安保的高层管理人员负责，承担质量控制职责。

②职责与权限。各部门为了实现其功能必须划分不同的职责和权限且有利于总体目标的实现。在设定各部门的职责权限时，应当赋予各岗位与其职责相适应的人力、物力、资金和信息等资源。

③资源配置。为了实现部门功能还需配置相应的资源，安保资源的配备应当充分考虑安保运行中人的因素，企业应当确定航空安保的关键岗位，如

分管航空安保的高层管理人员、质量控制人员及安保人员，并规定其任职资格。

（3）风险管理子体系。

①威胁评估。所谓威胁，是对航空运输安全和效率造成损害的可能或现实的外部因素，企业应指定专人或部门负责对面临的外部威胁进行评估，并形成威胁评估程序，定期或遇有特殊情况时，启动程序。评估结果表明本单位确有可能遭受袭击时，应进一步启动危险识别和风险管理程序，以应对威胁的增加，同时启动信息报告程序，将威胁评估结果向上级主管部门报告。

②危险源识别。所谓危险源，是指安保防范系统存在的薄弱环节和易受攻击的部位，机场应当建立程序，定期开展危险源辨识工作，以对其防范能力进行客观评价，查找防范体系中的薄弱环节。

③风险评价。风险是安保事件发生可能性和后果严重性的综合，风险可划分为可以接受、需采取措施或者不可接受的风险，职能部门需以此为依据定期或不定期向主管领导提交风险评价报告。

④风险缓解。是指为了降低风险水平使之达到可接受的程度而配置人力、物力资源和采取相应的活动，机场应规定对风险缓解措施的实施情况及结果进行评估，并及时根据评估结果调整方案或重新启动危险源识别程序。

（4）运行管理子体系。

①文件及控制。SeMS 要求形成一套文件以规定各项运行和管理措施的实施程序和应达到的标准，包括形成记录以实现可追溯性，对文件应进行各种控制活动以保证文件的持续有效和适宜。

②信息与沟通。安保信息的有效沟通是安保系统良好运行的基础，也是威胁评估和风险管理的必要条件。机场应充分重视安保信息管理工作，保证 SeMS 和安全保卫系统的运行以及威胁评估和风险管理工作；机场应建立向公众或新闻媒体发布航空安保信息的程序并指定专人负责。

③能力与培训。安保培训的目的是确保安保人员具备充分的技术和能力胜任其承担的安全保卫职责，也使所有工作人员具有良好的安保意识，培训也是建设积极的安保文化的一种重要手段和形式。

④质量控制。检查、考察、审计、测试等作为质量控制手段，其目的在于及时发现安保运行中出现的偏差，及时采取纠正措施避免导致严重后果的发生，并保证各项安保措施的符合性和有效性。

⑤应急响应。应急响应是为了减少事故发生后的损失而在事故发生或可能发生时采取的措施，范围包括非法干扰行为，以及可能影响航空运输安全和效率的其他行为。

十七、SeMS 建设的标准是什么？

SeMS 建设的标准包含四个子体系（组织保障子体系、目标管理子体系、风险管理子体系、运行管理子体系）和三个重要的管理要素（基础性工作建设、提高性工作建设和高难性工作建设），一共七项主要内容。下面主要分析三个重要的管理要素。

（1）基础性工作建设。基础性工作建设包括三个方面的内容：一是安保文件体系，包含本单位的安保方案、SeMS 手册、各项管理制度和安保岗位手册等；二是基础培训，基础培训应紧密围绕岗位手册实施，且要有明确的培训机构和培训制度程序；三是基本监察，基本监察的内容也要紧密围绕岗位手册，且要有符合要求的监察部门和专职岗位设置。

（2）提高性工作建设。提高性工作建设包括风险管理和目标管理。

（3）高难性工作建设。高难性工作建设包括威胁评估等。

十八、企业航空安保管理水平的几个层次标准是什么？

（1）第一个层次是满足了安保资源的法规适宜性。适宜性，也可以理解为法规符合性，即在安保人力、物力资源以及管理方面满足了传统的法规要求。其标准就是通过了民航政府主管部门的第一轮航空安保审计。第一轮安保审计的内容，更侧重于安保运行基本资源的配置。通过了第一轮的航空安保审计，说明该单位满足了航空安保运行的最低标准，但这并不能说明其实际的安全能力和绩效水平如何。

（2）第二个层次是具有全面、规范的安保措施执行流程和标准。其标志就是建立了全部的航空安保岗位手册。在传统的航空安保法规中，有编制本单位航空安保方案的法定要求，但没有要求企业建立健全安保岗位手册。岗位手册作为安保措施执行规范的最大量、最具体、最基础的部分，直接与一线的安保操作挂钩，对安保措施的质量保证至关重要。

（3）第三个层次是具有完备、独立的符合性监察制度。符合性监察解决安保措施执行过程中的偏离问题。偏离是不可避免的，发现并纠正偏离是不可缺少的。良好的符合性监察制度，要有职责明确、地位独立的监察部门设置，要有专职、专业的监察人员配备，要有要素齐全的监察制度程序，缺一不可。

（4）第四个层次是具备真正的风险管理机制。简言之，如果说符合性监察机制的功能在于自动纠偏，那么风险管理机制的功能就在于持续的自我提升和完善。如果说符合性监察机制使企业成为一个有机生命体，那么，风险管理机制就使企业成为一个具有智慧的生命有机体。

（5）第五个层次是具备精密的绩效监测体系。精密的绩效监测体系，能够使企业时时掌握自身真实的安全状态和水平。这在管理中是十分必要的，精细化绩效数据的掌握，既是进行事先目标管理的依据，又是科学决策的来源。形象地说，精密的绩效监测体系使企业接近于具有高度感知能力的智慧生命。

十九、SeMS 与 SMS 的关系是什么？

在行业建设 SeMS 的进程中，遇到的一个普遍性理论和实务的困惑，就是 SeMS 与 SMS 以及其他管理体系之间的关系，这也是大家非常关心的基本问题。

应该说，在初期建设 SeMS 的时候，SeMS 的安保专业性不强或对它的安保专业性认识不够，是非常具有代表性和普遍性的问题，即没有认清 SeMS 与

SMS 的区别与差异。当然，还有一个原因，就是很多单位都已经开始了 SMS 的建设工作，并取得了一定的实际成果，在 SeMS 提出后，就认为照搬 SMS 即可。因此，SeMS 在企业的具体建设实施，首先要解决和 SMS 的关系，才能够取得实效，把握正确的方向。

SMS，是关于航空安全（Safety）的管理体系，SeMS 是关于航空安保（Security）的管理体系，认清两个管理体系的关系，首先要认清“Safety”和“Security”的关系。“Safety”是指常规的航空安全，具体就是飞行安全、空管安全、机务安全和机场地面安全。“Security”就是安保。两者之间的关系如下：

（1）系统化管理的理念是两者的共同之处。

航空安保与航空安全有共性的地方。

例如，它们都是安全问题。所谓安全，通俗地理解，就是没有危险、危险损害这些不良的、我们不愿意接受的结果和状态。当然，还有另外更加学术性的解释，例如，国际民航组织的定义是：“安全是通过持续的危险源识别和风险管理过程，将人身伤害或财产损失的风险降低，并保持在可接受水平或其下的一种状态。”无论是在整个社会，还是在民航领域，安保与其他常规航空安全都可以认为是“大安全”的概念。

例如，它们在不安全所产生的物质性损害后果具有一致性。无论是因为飞机操作失误、机务维修差错、空中交通管制问题，还是因为航空器遭到劫持、爆炸等原因，在物质性的结果方面都是一样的，都是人员的伤亡和航空器的损毁。

但就 SeMS 与 SMS 而言，两种安全的共同之处在于系统化的管理理念是一致的。无论是 SeMS 还是 SMS，都是系统化的管理思想在航空安保和航空安全领域的具体运用。如同我们前面论述的，管理始终是一个“中性”的知识，可以运用到任何一个专业领域，也是任何一个专业领域做好工作不可或缺的方法。

（2）专业差异是两者的不同之处。

显然，航空安保与航空安全在专业上是存在较大差异的，且不论航空安全本身就泛指了飞行、机务、空管和地面四个方面。关于航空安保的自身特性，主要有后果影响、风险产生原因、安全属性、保证安全方法以及可控性五个方面。

从系统管理的角度看，航空安保与航空安全最本质的差异，还是围绕在风险控制这个核心层面。

首先，两者风险产生的原因或风险结构是迥然不同的。航空安全的风险产生于系统运行本身，而航空安保的风险来源于系统之外的人为故意破坏行为，进而导致两者的安全属性不同。航空安全是一个自然系统，是生产安全的属性。航空安保是一个社会系统，是社会公共安全的属性。

所以，从根本上说两者保证安全的方法不同。基于航空安全的自然系统属性，需要整个系统的运行符合客观的安全规律。出现不安全后果的情况，都是违背自然安全规律的结果。当然，对于安全规律的探索是没有止境的。基于航空安保的社会系统属性，确保安全的方法是通过安保措施与故意破坏行为进行对抗。航空安保的风险程度，取决于安保措施与外部威胁的相互对抗结果。

航空安保与航空安全都是“大安全”范畴，其基本职能都是对风险的控制，系统化的管理也都是围绕着风险来进行的。两者在风险结构、风险控制方法等方面的较大差异，意味着管理体系内容也不会完全相同。

（3）管理理念的相同不意味着具体管理内容可以照搬。

航空安保与航空安全在系统化的管理理念上是相通的，都是通过系统化的管理来保证和加强安全。但是 SeMS 与 SMS 在具体内容上、在管理要素上具有一定的区别。

之所以存在关于 SeMS 与 SMS 是否一回事的争论，主要原因在于航空安全和空防安全的主体是同一个：对于机场而言，既是机场地面安全的责任主体，又是机场航空安保的责任主体；对于航空公司而言，既是飞行安全的责任主体，又是空中安保的责任主体。对于美国民航的民用机场而言，可能就不会存在这样的争议，因为机场的安保管理是由国家运输安保局（TSA）负责的。

因为是同一实施主体，在管理体系建设之初，将不同的管理体系混为一谈而不明确差异，最终效果是不好的。而如果在建设之初即明确不同管理体系的差异，在此基础上再去考虑同一主体的融合问题，会取得事半功倍的效果。

不同安全管理体系的同一实施和责任主体问题，是客观事实，无论是从整个单位管理的顶层设计，还是管理效能的角度看，都是需要科学地规划有机融合的问题。

（4）专业主管部门对系统化管理的理解可以有别。

尊重不同管理体系建设标准内容的差异，其另一个原因，是基于当前行业管理特别是政府管理的模式。

飞行、机务、空管、机场和安保的管理体系建设标准，分别出于民航政府主管部门不同的专业主管司局。对同样的系统管理理念，他们的理解必然是不同的，并且，也应该尊重他们理解上的差异，原因有两个。

一是构建在各个专业领域普遍统一适用的具体管理体系内容，似乎是困难的。基于各自专业属性和内容的差别，安全管理的方法和具体办法可能难以统一。关于这一点，我们从国际民航组织发布的附件 19《安全管理》即可见端倪。附件 19 的内容，可以说是简之又简，都是高度抽象、精练的条款。这说明国际民航组织也意识到建立具体、翔实的管理措施适用于每个航空安全专业领域是困难的。这本身符合一条普遍性规律，越普遍使用的准则，越是简单和抽象的，反之亦然。

二是安全管理体系的内容是不断创新、不断进步的。对抽象的、普遍性的安全管理体系基本准则，各专业司局的理解必然存在差别。专业司局最初对安全管理体系具体内容和方法手段的设计，不一定就是正确的和长久适用的。甚至说，对于国际民航组织所提供的安全管理措施，也需要审慎地消化吸收。应该鼓励各专业司局对管理体系的探索，以探寻共同的安全管理规律，这方面的典型例子就是 SeMS 关于风险管理的理解和做法，与 SMS 存在很大的不同。

（5）SeMS 与 SMS 是平等的关系。

经过以上的分析，可以认为 SeMS 与 SMS 是平等的关系。在 SeMS 建设的初期，照搬 SMS 是全行业的一种较为普遍的倾向，要想有效地建设 SeMS，其关键是如何将体系化管理的思想和理念具体落实到航空安保工作领域。行业

SeMS 初期建设的经验已经表明照搬 SMS 的具体内容是没有出路的。

二十、航空安保风险管理的基本概念是什么？

航空安保风险管理是指对可能遇到的航空安保风险进行预测、识别、评估、分析，并在此基础上有效地处置风险，以最低成本实现最大安全保障的科学管理方法。

风险管理体系是实现预防性航空安保的核心，有利于引导航空安保资源分配达到最佳组合，提高绩效，并确保航空安全保卫工作的有效运行。

为了判断风险的程度，我们需要对外部威胁和民航自我防范能力进行评估。只有在对两者进行精确评估的基础上，才能进行有效的和客观的风险分析。因此，威胁评估和防范能力评估是进行风险分析的两个基本要素，也是航空安保风险管理的两大基础。

二十一、航空安保风险管理包含哪些基本过程？

航空安保风险管理是指针对威胁采取对应的安保措施以控制风险。完整的航空安保管理过程包括威胁评估、危险源识别、风险评价和风险缓解四个过程。风险管理过程可用图 2 表示。

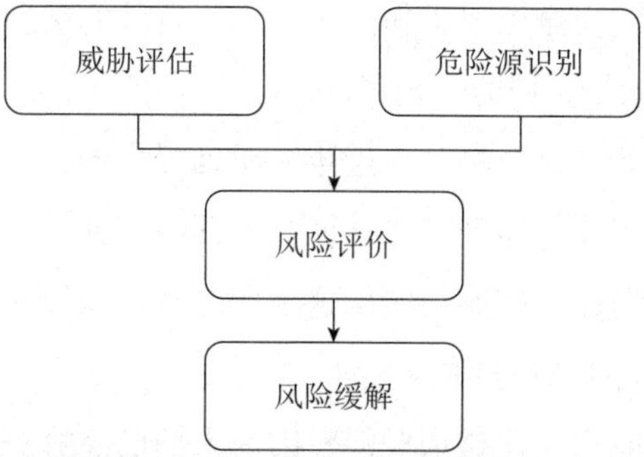

图 2　航空安保风险管理过程

要使风险得到控制，还需要注意两个层面的内容：一是安保措施体系的适应性和针对性，即措施体系在结构上能否与威胁相抗衡，足以应对和阻止外部威胁。如果安保措施体系在设计上存在欠缺，风险的出现是必然的。二是安保措施执行的质量。即使安保措施的设计是合理和合适的，但如果没有去执行，特别是虽然在形式上执行了，但却无法保证执行的质量，也是于事无补的，同样会造成巨大的风险或安保事故。

第一个层面是以政府主管部门主导的行业层面的宏观的风险管理内容。目前，在我国现有的航空安保管理模式下，威胁评估、威胁等级发布、各等级的安保措施内容和要求，都是民航政府主管部门的职责。第二个层面是作为安保责任主体的民用机场、航空公司这些企业的微观层面的风险管理内容。民航机场、航空公司作为航空安保责任主体，其职责就是执行政府指定等级的安保措施，并保证执行的质量。因此，企业的风险管理实质上就是安保措施执行质量的保证，具体包括危险源识别、风险评价和风险缓解。当然，也不是完全否定企业进行威胁评估的可能性。

企业也可以在政府发布的预警等级的基础上自行开展威胁评估工作，根据威胁评估结果形成本单位的威胁等级，但是本单位的威胁等级应不低于国家发布的威胁等级。

二十二、威胁评估的功能是什么？

威胁评估是航空安全保卫工作的出发点，有效的威胁评估可以提高安保措施的针对性和有效性，同时实现经济性。

虽然“威胁评估”这个概念是近年才明确提出的，但实际上威胁评估这项职能在所有航空安保工作开展之初就已经开始实施了，只不过没有完全地被人们意识到。人们在实施航空安保这项职能时，以及采用具体的安保措施的时候，就已经对威胁进行评估了。

为什么要实施航空安保这项职能？因为人们已经意识到特别是判断出民用航空会受到威胁。人们为什么会产生这样的意识？因为民用航空过去已经遭受到各种形式的威胁。过去所发生的劫持、爆炸、攻击航空器和袭击民用机场的事件，使人们意识到这会成为一种常见的犯罪方式，对民航的威胁是持续不断的，因此，要常态地实施航空安保职能。这是人们对威胁的基本判断，显然是威胁评估的内容。

极端地说，真正的威胁还是零星发生的，并不是时时都有，但为什么全世界的航空安保系统都在天天运作，而不是只在威胁确实来临的时候才实施？原因是我们无法确切知道威胁何时来。这种情况虽然说明了航空安保防范固有的盲目性，但并不能否定威胁评估职能的一直客观存在。自从实施了航空安保职能，威胁评估实际上就一直存在，评估和判断的准不准是另一个问题。

二十三、威胁评估包含哪些内容？

对威胁的判断，在具体做法上，一般包括在宏观上的判断和微观上的判断两个方面。但这两个方面并不是割裂的，而是有机联系的。

（1）对威胁宏观上的判断。

宏观上的判断是指整个民航运输系统所面临的威胁状况。

从逻辑上分析，应该不存在所谓的宏观威胁形势和具体威胁两者之间的区别。威胁都是具体的，因为有具体的威胁，我们才会采取安保措施予以对抗。只不过我们无法准确地判断具体的威胁是什么，通俗地说，为了保险起见，只能大范围防范。如果能够准确地预知具体的威胁是什么、何时来犯，又何必劳民伤财这么大动作呢？这类似于国家边境的防卫，与敌国相连的每一段边境都需要布防，同时根据情报判断对某些地域重点布防。情报的力量在于提高判断的精确性，“二战”中，盟国与德国双方都极力地进行情报战，就是为了更好地使用战斗力资源。在漫长的海岸线，德国都进行了布防，但也极力地判断盟军最可能的登陆攻击地点。盟军也在极力迷惑对方，使德国分散在真正的登陆地点的防御力量。

在安检中对旅客的普遍性检查也是这个道理。之所以对每个旅客一个不漏地进行安全检查，本质上还是因为我们无法预知或准确判断哪个旅客是真正的袭击者。但可以肯定的是，不是每个旅客都是袭击者，袭击者只会是极少数。

①威胁后果的严重性。威胁后果的严重性，是指威胁确实发生了并成功后，其所造成的损害程度。例如，评估某一个恐怖组织即将发动的袭击，我们判断他们的袭击方式是自杀式炸毁航空器，那么后果的严重性就是航空器的损毁和大量的人员伤亡。显然，后果是非常严重的，需要高度重视。也可能我们判断对方的袭击方式是袭击民用机场，但根据对方的武器装备的有限性，不会造成重大伤亡，其后果并不是很严重。在无法准确判断袭击方式的情况下，人们一般会倾向于考虑最严重的后果。

②威胁发生的可能性。威胁发生的可能性是指威胁确实发生和来临的概率。对威胁发生的可能性判断，是威胁评估的核心和难点所在。对威胁的特定后果，一般人们凭借既往经验能够进行基本正确的判断，但威胁发生的可能性的判断则是复杂的技术性难题。所以，威胁评估的方法，集中于威胁发生的可能性判断方面。

威胁的发生，是不以我们的意志为转移的，航空安保系统对威胁进行评估，目的是采取针对性措施。因此，威胁评估本质上是我们的主观判断，并不是威胁本身真实的情况，我们的判断有可能贴近于真实，也可能与事实相去甚远。

③威胁强度评估。威胁强度评估是对威胁强度的判断，需要同时考虑其后果严重性和发生可能性两个方面才有意义。再严重的后果，如果在客观上真实能够发生的概率极小，就是杞人忧天；而对可能性很大的威胁视而不见，显然是盲目乐观。

在分别获得了威胁后果的严重性和威胁发生的可能性两个独立判断结果后，将它们一并考虑，形成最终的对威胁强度或等级的判断。对威胁强度判断后，采取相应的安保措施等级予以应对。

需要注意的是，威胁评估时应只考虑威胁本身，而不应考虑民航自身防范能力。考虑自身防范能力是总体风险管理的范畴，总体风险评估时再同时考虑威胁和自身防范能力两个独立因素。考虑威胁时又同时考虑自身防范能力会造成混乱。

对威胁强度的宏观判断后，所采取分级应对措施的范围较为宽泛。客观上还是存在一定的盲目性，因此，应对威胁在微观上进行分析。

（2）对威胁微观上的判断。

大面积、大范围的安保措施等级提高，是宏观上的做法，其本质上还是缺乏对威胁在微观上的具体判断，毕竟威胁是个案，不可能同时在众多机场、航班上长时间持续发生。

对威胁在微观上的判断，一般应包括威胁的具体方式、威胁的具体对象、威胁的时间。

①威胁的具体方式。威胁的具体方式是指攻击破坏的方法，如是劫持、爆炸还是纵火；是使用刀具、枪支还是爆炸物。例如，2012 年 4 月 27 日，有人致电浦东机场，称已在国航 CA406 航班上放置炸弹，勒索百万元。根据此威胁信息，我们可以确定威胁的具体方式是在飞机上放置炸弹进行经济勒索，接下来处置重点就是针对 CA406 航班的排爆工作。

②威胁的具体对象。威胁的具体对象是指攻击破坏的部位、目标或地点，如所要攻击的民用机场或航班是哪一个。显然，对具体威胁对象目标的准确判断，能够提高防范的针对性，又避免其他无关民航单位的兴师动众。例如，2012 年 5 月 24 日，收到“SC4982 航班上有炸弹”的威胁信息。依据威胁信息我们防范的重点是 SC4982 航班。

③威胁的时间。威胁的时间是指攻击破坏确实发起的时间点。确定威胁时间点的好处，显然也是节约安保资源。

从科学的角度看，恐怖组织的资源是有限的，社会上个体的袭击者也是少数，而一旦发起袭击，袭击者的命运可以比喻为飞蛾扑火，要么成功，要么在与航空安全系统的接触中被抓获，袭击不可能是无限和持续不断的。

所以，在理论上是可以实现针对性、局部性、短时间的应对机制的，但之所以一般情况下无法做到，还是因为对威胁在微观上判断的缺乏。在某些情况下能够做到这一点，是基于准确的人工情报，但这并不是常态。

二十四、航空安保应急管理的基本概念是什么？

关于航空安保应急处置的管理活动，就是应急管理。应急管理的目的是在威胁发生时，通过有效的处置活动，使可能的危害得到控制或降到最低。航空安保虽然以预防为主，但事实上没有绝对可靠的防范系统。事故的发生是必然的，差别在于发生的概率不同。因此，对于航空安保事故的发生，不能抱侥幸心理，航空安保的应急管理活动必须认真地持续开展。

二十五、航空安保应急管理的职能有哪些？

航空安保应急管理的职能，包括抢救受害人员、及时控制危险源、尽快消除危害后果、做好现场恢复、查清事故原因和评估危害程度等。

（1）抢救受害人员。抢救受害人员是应急管理的首要任务。事故发生以后，应立即组织营救受害人员，组织撤离或者采取其他措施保护危害区域内的其他人员。在应急救援行动中，快速、有序、有效地实施现场急救与安全的转送伤员，是降低事故伤亡率、减少事故损失的关键。由于重大事故往往发生突然、扩展迅速、涉及范围广、危害大，应及时指挥和组织群众采取各种措施进行自身防护，必要时迅速撤离出危险区域或可能受到危害的区域。在撤离过程中，应积极组织群众开展自救和互救工作。

（2）及时控制危险源。及时控制住造成事故的危险源是应急管理工作的重要任务。迅速控制危险源（可能包括失事航空器、非法干扰行为人、危险物品、受损设备等），并对事故造成的危害进行检测，测定事故的危害区域、危害性质及危害程度。只有及时地控制住危险源，防止事故的继续扩展，才能及时有效地进行救援。

（3）尽快消除危害后果，做好现场恢复。在航空安保事故中，应注意事故以及事故危害源（如航空油料、化学物品、放射性物品等）可能造成的各种后果，采取封闭、隔离、消除和紧急维修等措施。

（4）查清事故原因，评估危害程度。事故发生后应及时调查事故的发生原因和事故性质，评估出事故的危害范围和危险程度，查明人员伤亡情况，做好事故原因调查，并总结救援工作中的经验和教训。

二十六、航空安保应急管理的组织机构包括什么？

根据航空安保应急管理的基本职能，其组织机构应包括指挥决策机构、常设协调办事机构、处置实施力量、消防救援力量和后勤保障力量等。这种组织机构设置，既适用于国家层面的航空安保应急管理，也适用于民用机场、航空公司自身的应急管理。

（1）指挥决策机构。指挥决策机构的职能是对危机处置进行统一指挥，并作出何种处置行动的决策。指挥决策机构是危机处置的最高权力机构，其行使唯一的指挥决策权力。对于任何性质、任何级别的应急处置活动，唯一的指挥决策机构设定都是最重要的原则之一，无人指挥或多头指挥都是大忌。

我国重大航空安保危机事件处置的指挥决策机构，都是国家层面的，是国务院代表国家来行使权力。早在 1981 年，我国第一起劫机事件发生后不久，国务院就成立“国家紧急处置劫机领导小组”，由国务院副总理担任主管领导。2001 年我国再次成立了“处置劫机事件领导小组”，也是由一位副总理担任组长。

最高指挥决策机构中，一般会设立相关成员单位。成员单位来自与危机处置相关的职能部门，国家层面的领导小组则需要民航、公安、武警、外交、卫生等主管部门参与。

各个层面的危机处置指挥决策机构的领导者，都是该层面的最高行政权力者或由其授权的人担任。这一方面是因为最高行政权力者承担危机后果发生的第一责任，是其职责所在；另一方面是因为最高行政权力者有足够的能力调动处置资源，以达到最好的效果。

航空安保的危机处置，除级别较低的危机事件，处置的指挥决策机构一般都是由国家中央政府、各级民航政府或各级地方政府承担。实际上，这也适用于其他性质的社会危机事件。重大的社会危机事件，都属于广义的社会公共安全范畴。公共安全危机处置是政府的职责范围，而一般的企事业单位也没有能力调动众多处置资源。对此，国际民航组织8973号文件《防止对民用航空非法干扰行为的安保手册》17.1.8也建议“当遭到非法干扰的航空器在空中或地面时，应对决定采取何种行动方针的主要责任和权力，交给一个单一的政府实体。这一政府实体应与主管当局、机场当局、受影响的航空承运人、承运人所在国和登记国，以及可能被认为有关的机场内外的任何其他实体，协调一切行动”。可见，航空安保危机处置指挥决策机构的唯一特性、政府特性、最高行政权力者特性，也是国际通用准则。

（2）常设协调办事机构。危机处置机构体系中，还需要设置常设的协调办事机构。常设协调办事机构是指挥决策机构的参谋部门，主要承担两个方面的职能：一是在危机处置时，承担参谋助手的作用，为指挥决策者提供决策参考意见、提供情报信息资料、纵向协调指挥者与各级执行力量、横向协调成员单位、提供通信支持、对外联络，甚至提供谈判人员；二是在日常情况下，承担相关的行政管理工作，如信息资料积累、处置原则和策略研究、预案程序编制、组织演习演练等。

常设协调办事机构与处置实施的武装力量都有着“养兵千日、用兵一时”的目的。危机发生时处置效果的好与坏，实际上取决于日常的工作质量和积累程度。如果说处置实施武装力量的战斗力由平时的训练水平决定，那么危机处置时的整体能力则取决于常设协调办事机构的日常管理活动水平，如翔实的资料积累、深度的策略研究、娴熟的谈判技巧训练、规范的预案程序管理、定期高质量的演习演练安排等。

（3）处置实施力量。处置实施力量就是在处置一线直接进行处置的机构和人员，是代表国家的专业武装力量。处置实施力量的核心职能是直接与威胁者或威胁行为进行对抗，如控制、制伏，并成功处置威胁者或排除危险物品。

航空安保的处置实施力量，空中有在机长领导下的空中警察和航空安全员，地面有机场公安机关、驻机场武警部队、地方公安机关和武警特警部队。这些力量的核心技能是武力对抗和排爆。如果说指挥决策机构是大脑，处置实施力量就是行动系统，是强有力的四肢。

（4）消防救援力量。不仅在常规的航空器事故中需要消防救援力量，在航空安保危机处置中，也同样需要消防救护力量的参与。在航空安保危机事件发生后，无论是空中还是地面，都很有可能或已经发生人员伤亡、航空器或其他设施爆炸燃烧的后果，需要立即进行或准备采取消防救护行动。在民用机场都有按照一定标准设置的消防救护机构，在必要时也可将地方的消防救护机构纳入其中。

（5）后勤保障力量。在航空安保危机事件处置中，还有其他如空中交通管制部门、机场的安检护卫部门、机场的其他地面保障部门、驻场联检单位、相关航空公司等单位的参与，承担了相关的后勤保障职责。

二十七、航空安保质量控制的基本概念是什么?

航空安保质量控制是为了保证航空安保系统能够满足国际和国内与航空安保相关的法律、法规及文件而进行的有计划的系统化的活动。

航空安保质量控制分为外部质量控制和内部质量控制。外部质量控制是指民航监督管理机构（民航局公安局及其派出机构）对民航企业的安保运行质量实施的控制。内部质量控制是指企业（机场管理机构、公共航空运输企业）对其自身的安保运行质量进行控制。外部质量控制和内部质量控制的对象及内容是一样的，控制的目的也是一致的，不同的是外部质量控制把握企业安保运行必须具备的核心要素，而内部质量控制更侧重于细节和技术性问题。

二十八、航空安保措施执行规范有哪些?

航空安保措施执行规范，具体而言，就是安保措施操作执行的流程和标准，是安保措施执行的具体依据，也是对安保措施的执行过程进行质量控制的依据和标准。

企业的安保措施执行规范文件主要有企业的航空安全保卫方案、部门的航空安全保卫工作手册、班组的安保措施的操作流程和标准、安保岗位的操作流程和标准，如表2所示。

表2　企业的安保措施执行规范文件

层级	安保措施执行规范文件	举例
第一层级	企业的航空安全保卫方案	机场、航空公司等
第二层级	部门的航空安全保卫工作手册	安检部门、控制安全保卫部门等
第三层级	班组的安保措施的操作流程和标准	安检大队、中队、班组；航班班组等
第四层级	安保岗位的操作流程和标准	验证岗位、人身检查岗位、开包岗位等

二十九、航空安保质量控制的具体手段有哪些？

航空安保的检查、测试和考察都是航空安保质量控制的具体手段。

（1）航空安保检查。航空安保检查是指主管当局对民航机场和航空器经营人等民航企事业单位的航空安全保卫工作的部分领域实施客观检查，以核实其持续遵守《国家民用航空安全保卫规划》及其他航空安全保卫要求的情况。

（2）航空安保测试。航空安保测试是指通过模拟非法干扰行为对航空安保措施所进行的隐蔽或公开的试验。也就是说，测试是模拟现实中存在或可能发生的威胁的形态，对航空安保系统进行试验，目的是检测现有安保措施的有效性。

（3）航空安保考察。航空安保考察是对安保需求的评估，即通过评估机场运营人或航空器经营人运行情况，确立安保需求。

三十、如何开展航空安保事件调查？

航空安保事件是航空安保措施失效的客观状态，航空安保事件是指很可能造成航空安保事故的确实发生的各种危险情况。对它的认识需要注意两个问题：

一是我们不需要进一步关心安保措施失效是否确实造成了真正的危险后果，而只关心它的风险程度，即造成危险后果的可能性。这与航空安保事件调查的过程管理功能是对应的。当然，发生了需要政府进行调查的航空安保事故，如劫机行为，必然会调查是否存在航空安保措施失效的情况。二是航空安保事件的发生，会有多种原因，可能是符合性的违规操作导致的差错问题，可能是现有安保措施流程不合理造成的，可能是现有安保措施无能为力的新型威胁方式或危险物品，也可能是在正常的可接受安保水平范围内的问题。

（1）航空安保事件的等级划分。

航空安保事件的发生，预示着不同程度安保措施体系失效的客观情况，具体而言，就是危险物品和危险人员（未经授权人员）进入控制区特别是航空器。按照导致发生最终安保事故的风险程度大小（即后果严重性和发生可能性之合成），划分为特别严重、严重、一般和轻微四级。这里提出民航机场、航空公司一些典型航空安保事件的样例，以供参考。

①特别严重安保事件。特别严重安保事件，是指一种表明安保措施失效状态的事件，这种状态的风险程度极为严重。发生了特别严重航空安保事件，可能已经导致了航空安保事故，也可能没有导致最终的安保事故。对于没有导致航空安保事故的情况，或如遇到外部威胁因素，则必然发生安保事故。

例如，装有子弹的枪支非法藏匿在人身或者随身行李（物品）中未被查出，进入机场控制区或航空器。这是人身安全检查措施的失效。

例如，非授权人员翻越围界未被及时发现并制止，进入航空器活动区或登上航空器。这是围界巡查、防护和飞行区监控以及航空器监护措施的失效或同时失效。

例如，爆炸装置进入航空器。可能是货运安保、未登机旅客行李查控、物品清舱等措施的失效。

②严重安保事件。严重安保事件，是指一种表明安保措施失效状态的事件，这种状态的风险较为严重，但可能产生的后果不至于致命或无法确定为致命。

例如，装有子弹的枪支非法藏匿在货物或者托运行李中未被查出，进入机场控制区或航空器。

例如，未经授权的人员进入航空器。

③一般安保事件。一般安保事件，是指一种表明安保措施失效状态的事件，造成了一定的风险，但可能的后果不具有危险性或危险性不确定。

例如，国家禁止随身携带或托运的军用或警用械具、管制刀具等藏匿在货物或者托运行李中未被查出，进入机场控制区或航空器。

例如，清舱失效导致物品遗留在航空器内。

④轻微安保事件。轻微安保事件，是指一种表明安保措施失效状态的事件，造成的风险很小。

例如，打火机、火柴等火种未被查出，进入航空器或机场控制区。

例如，配餐、机供品夹带非供应品，但未登机。

以上是四个等级的航空安保事件样例，我们会发现这些样例实际上都是民用机场、航空公司日常航空安保防范措施的重点内容，并非高深的新创之物。但是，如何从繁杂的航空安保内容之中，厘清正确的航空安保事件及其等级的概念，还需要合适的方法论：一是系统、整体地分析问题的视角；二是看清 SeMS 过程管理的本质。

（2）航空安保事件调查。

航空安保事件调查是指在发生航空安保事件的情况下，进行证据收集。解释事件发生的原因，以防止类似事件再次发生，并考虑是否对相关人员或单位进行起诉或处罚的一种行为。

①航空安保事件调查的目的。航空安保事件调查的主要目的是查明原因，

采取对应的完善措施，优化安保体系，消除安全隐患，避免最终安保事故的发生。

②航空安保事件调查的内容。

a. 事件发生的确切时间、地点；

b. 事件的详细过程；

c. 与事件相关的员工资质、能力和工作状态；

d. 与事件有关的设备设施状况；

e. 事件发生地的环境状况；

f. 事件造成的影响和后果；

g. 造成事件后果的客观原因。

③航空安保事件调查评估的内容。

航空安保事件调查评估至少应当从以下几个方面分析缺陷：

a. 是否由于设备设施不充足导致事件的发生；

b. 是否由于事件发生地环境因素造成工作人员疏漏；

c. 内部人员是否在数量、资质和工作能力、工作状态上的原因未能防止事件的发生；

d. 运行程序是否存在缺陷；

e. 以上问题是否具有更深层次的原因，即是否由组织缺陷造成。

三十一、航空安保设备设施有哪些？

机场安全保卫设施由航空器活动区安全保卫设施、航站楼安全保卫设施、货物运输安全保卫设施、安全检查设施等构成。

（1）航空器活动区安全保卫设施。航空器活动区通常设有圈界、道口、岗楼（瞭望台）、巡逻、视频监控系统等安全保卫设施，实施封闭管理。

（2）航站楼安全保卫设施。航站楼通常设有封闭管理、安全检查、出入口控制、报警、视频监控等安全保卫设施。

（3）国内外安检设备。目前，国内外各大机场配备的安检设备一般可分为通过式金属探测门（安检门）、手持金属探测器、X射线机等。各国均有相关规定，一般而言，旅客的托运行李和非托运行李都必须经过X射线机，从观察窗上显示出物品图像，X射线机操作员进行图像识别判断物品是否安全；同时，旅客必须通过安检门或接受手持金属探测器的检查。

三十二、航空器活动区安全保卫设施有哪些？

（1）围界。在航空器活动区周围设有围栏（墙），其结构形式一般有钢板材、钢筋网、钢筋混凝土预制板、砖墙、刺丝网等。围栏（墙）应坚固耐用，能防止人员、车辆的随意进入。

除航站楼、维修机库及其他必要的建筑外，其他作为围栏（墙）一部分的建筑物，其面向航空器活动区一侧不开设门及通道，窗户要安装密集型防护钢网。

在围栏（墙）的外面设有安保警示牌，禁止人员爬越围栏（墙）。

围界一般设有照明设施、报警及防入侵视频监控系统。

（2）道口。在航空器活动区要尽量减少道口的设置。每个进出航空器活动区的道口均设门（航站楼两侧的道口设电动门和供人员通行的便门）和守卫值班室（配备有通信、照明等设施）。

一般在机场围界与外界相通的人员和车辆的道口（消防专用出入口除外）设置安检工作区，并配备相应设施，对通过的人员、物品、车辆进行安全检查。

机场通行车辆的道口一般设有阻车装置或简易阻车装置。

进出航空器活动区的道口一般设有视频监控，门禁系统对进出车辆、人员以及检查情况进行识别和记录。

（3）岗楼（瞭望塔）。机场根据安保需要在航空器活动区重要部位建有值勤岗楼或瞭望塔。

（4）巡逻。在航空器活动区配备巡逻车辆和必要装备，围栏内侧修筑有供巡逻车使用的巡逻通道，以保证对航空器活动区进行有效的巡逻。

（5）视频监控系统。航空器活动区一般设有航空器活动区视频监控系统，对航空器停场、上下客、装卸货物以及地面服务车辆和人员活动等过程实施监控。航空器活动区视频监控系统与航站楼视频监控系统集成。

三十三、航空安保新技术有哪些？

随着科技的发展，危险品的外形、形式逐渐趋于多样化，一些经过改造的手电筒、口红等成为具有攻击性的武器。此外，还出现了一些粉末状东西、微量物品等安检门、手持探测器时常无法“辨识”的危险品。这一切，对目前的机场安检技术提出了更高要求，于是一些新型安检设备相继应用到机场安检中，例如，鞋底金属探测仪、全身扫描仪、“读心器”、炸药 / 毒品探测设备等。

机场“智慧安保”成为一大潮流。机场“智慧安保”能对各类安保信息保持持续敏感，主动分析和评估威胁风险，识别安保过程并配置相应资源，对风险和威胁作出快速反应，实现从事后到事前、从个人到组织、从局部到系统的机场闭环安保管理，并在这一过程中不断形成“安保智慧有机体”，为民航安全保驾护航。力求将安保人员从纷繁的“盯屏”等机械工作中解放出来，将工作重心转向安防业务能力和管理水平的提高，用智慧化的安全系统代替人力的日常工作，减少风险并进行风险预判、信息识别等。

参考文献

[1] 刘昊阳 . 航空安保管理 [M] . 北京：中国民航出版社，2014.

[2] 顾伟芳 . 航空安保基础与管理实践 [M] . 北京：中国民航出版社，2015.

[3] 张君周，谢新明 . 民航安保法律基础 [M] . 北京：中国民航出版社，2015.

[4]《国际民用航空公约》附件 17，国际民航组织 .

[5]《防止对民用航空非法干扰行为的安保手册》，国际民航组织 8973 号文件 .

第七章

民航综合应急管理

一、什么是突发事件？什么是民航突发事件？

突发事件有两个权威性定义：其一，出自《国家突发公共事件总体应急预案》，突发公共事件是指突然发生，造成或者可能造成重大人员伤亡、财产损失、生态环境破坏和严重社会危害，危及公共安全的紧急事件；其二，出自《中华人民共和国突发事件应对法》，突发事件是指突然发生，造成或者可能造成严重社会危害，需要采取应急处置措施予以应对的自然灾害、事故灾难、公共卫生事件和社会安全事件。

在我国民航领域，有两部规章涉及了民航突发事件：

其一是《中国民用航空应急管理规定》（CCAR-397）第一章第二条：

（一）防范突发事件对民用航空活动的威胁与危害，控制、减轻和消除其对民用航空活动的危害。

（二）防止民用航空活动发生、引发突发事件，控制、减轻和消除其危害。

（三）协助和配合国家、地方人民政府及相关部门的应急处置工作。

其二是《民用运输机场突发事件应急救援管理规则》（CCAR-139-II-R1）第三条：

“民用运输机场突发事件（以下简称突发事件）是指在机场及其邻近区域内，航空器或者机场设施发生或者可能发生的严重损坏以及其他导致或者可能导致人员伤亡和财产严重损失的情况。”

综合考虑上述法律、法规中的定义和民航规章的相关规定，并结合我国民航各单位的运行实际，民航突发事件定义如下：突然发生的、危及或者可能危及航空安全，造成或可能造成运行效率丧失或下降、人员伤病亡、财产损失，严重影响单位声誉以及严重危害社会，需要立即采取措施予以应对或需要予以援助的事件。

从实务角度，民航突发事件分为四大类：安全事件、运行事件、服务事件和支援事件，如表1所示。

表1　民航突发事件定义与细分

事件细分	概念释义
安全事件	“危及或者可能危及航空安全”“造成人员伤病亡”
运行事件	“造成或可能造成运行效率丧失或下降”
服务事件	“造成人员伤病亡”“严重影响单位声誉”
支援事件	“严重危害社会”“需要予以援助”

民航各单位可根据自身运行实际，在此定义的基础上，修改完善为适用于本单位的突发事件定义，用于指导自身的应急管理工作。

二、什么是民航应急管理？

目前，我国法律、法规中对应急管理的直接定义不多。《中华人民共和国突发事件应对法》第一条和第二条分别指出“为了预防和减少突发事件的发生，控制、减轻和消除突发事件引起的严重社会危害，规范突发事件应对活动，保护人民生命财产安全，维护国家安全、公共安全、环境安全和社会秩序，制定本法”。“突发事件的预防与应急准备、监测与预警、应急处置与救援、事后恢复与重建等应对活动，适用本法。”

国务院办公厅于2007年颁布的《关于加强企业应急管理工作的意见》中，规定“企业应急管理是指对企业生产经营中的各种安全生产事故和可能给企业带来人员伤亡、财产损失的各种外部突发公共事件，以及企业可能给社会带来损害的各类突发公共事件的预防、处置和恢复重建等工作，是企业管理的重要组成部分”。

国资委于2013年颁布的《中央企业应急管理暂行办法》中规定“中央企业应急管理是指中央企业在政府有关部门的指导下对各类突发事件的预防与应急准备、监测与预警、应急处置与救援、事后恢复与重建等活动的全过程管理”。

结合《中国民用航空应急管理规定》《民用运输机场突发事件应急救援管理规则》等民航规章中的相关内容，民航应急管理是指民航各单位在相关法律、法规的指导下，针对民航突发事件开展的预防与应急准备、监测与预警、应急处置与救援、事后恢复与重建等活动。

三、应急管理包括哪些环节？应急管理、应急救援、应急处置等概念有何区别和联系？

根据突发事件应对时序，应急管理工作包括预防与应急准备、监测与预警、应急处置与救援、事后恢复与重建四个环节。需要注意的是，这四个环节仅仅是针对突发事件应对工作的，并不适用于日常的应急管理工作。

应急管理、应急处置、应急救援乃至应急响应并不是同一概念的不同说法，它们的内涵与外延均有所区别，在实务中是不能混用的。

应急管理是一个宏观概念，包含了“预防与应急准备、监测与预警、应急处置与救援、事后恢复与重建”四个环节。

应急响应是应急管理的一部分，可以视为狭义的应急管理，主要包括“监测与预警”和“应急处置与救援”两个环节，是传统意义上应急管理的核心环节，向前“关口前移”，延伸到“预防与应急准备”，向后“业务连续”，拓展到“事后恢复与重建”。

应急处置与应急救援在某种程度上可以混用，仅仅包含突发事件发生后的紧急处置环节。在细节上，当使用“应急处置”时，侧重于对事件本身的应对；当使用“应急救援”时，则侧重于对受影响航空器与人员的救助。

它们之间的区别和联系，如图 1 所示。

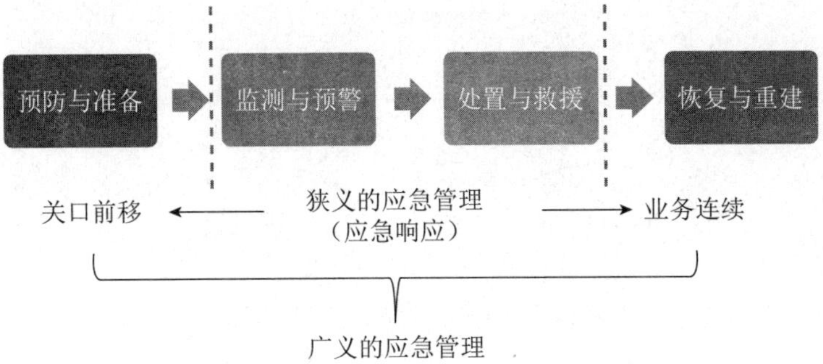

图 1　应急管理各概念的区别与联系

四、对于我国民航，应急管理与安全管理的区别和联系是什么？

从广义上看，应急管理与安全管理的范围是基本一致的，都涵盖了“预防与应急准备、监测与预警、应急处置与救援、事后恢复与重建”四个环节。只不过，应急管理是从“监测与预警、应急处置与救援”为基点，向前向后延伸至“预防”与“事后恢复与重建”；安全管理则是从“预防”为基点，向后延伸至“监测与预警、应急处置与救援、事后恢复与重建”。在某种意义上，可以认为立足点和出发点是应急管理与安全管理之间最大的区别。

从狭义上看，安全管理体系（SMS）认为“安全是一种状态”。如果以突发事件 / 事故为界限，可以将这个状态一分为二：前半部分（突发事件 / 事故发生之前），主要的任务是维持“安全”这种状态不被打破，主要工作是“预防和控制”，即“狭义的安全管理工作”；后半部分（突发事件 / 事故发生之后），主要的任务是使整个系统尽快恢复至“安全”状态，主要工作是“准备和处置”，即“狭义的应急管理工作”。

综合上述分析，安全管理和应急管理的核心都是风险管理，但是范围、侧重点等均有所区别；对于我国民航而言，安全管理侧重于基于风险管理的预防和控制，应急管理侧重于基于风险管理的准备和处置，如图 2 所示。

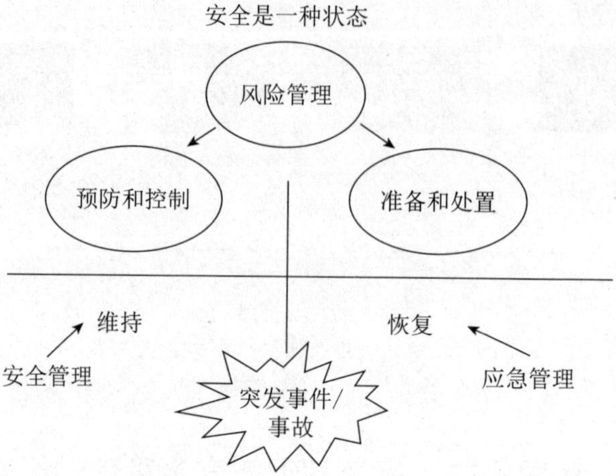

图 2　安全管理与应急管理的关系

五、什么是“一案三制”？

“一案三制”是中国特色的应急管理体系框架。“一案”是应急预案，“三制”分别是应急管理体制、应急管理机制和应急管理法制。

需要民航企事业单位注意的是，“一案三制”是基于政府层面而提出的，所以包含“应急管理法制”建设内容。因此，民航局及民航管理部门以“一案三制”为框架建设应急管理体系是比较恰当的；但是，民航企事业单位并没有制定“法律、规章乃至规范性文件”的权力，因此，建议民航企事业单位在以“一案三制”为框架建设应急管理体系时，应考虑使用如下建设逻辑，即“在政府和民航应急管理法制的指导下，以应急预案、应急管理体制和应急管理机制为重点建设本单位的应急管理体系”。

六、什么是应急管理法制？民航应急管理法制框架包含哪些内容？

2007 年 11 月 13 日，华建敏同志（时任国务院秘书长）在贯彻突发事件应对法会议上的讲话中指出，应急管理法制建设就是在深入总结群众实践经验的基础上，制定了各级各类应急预案，形成了应急管理体制机制，并且最终上升为一系列的法律、法规和规章，使突发事件应对工作基本上做到有章可循、有法可依。

民航应急管理法制框架分为三个层级：法律、法规和规范性文件。其中，法律是由享有立法权的立法机关，依照法定程序制定、修改并颁布，并由国家强制力保证实施的规范总称；法规指国家机关制定的规范性文件，是法令、条例、规则、章程等法定文件的总称，包括行政法规、地方性法规、部门规章等；规范性文件是指由相关管理部门制定的预案、标准、指南、规范等指导性文件。

与民航应急管理工作比较密切的部分法律、法规和规范性文件，如表 2 所示。

表 2　民航应急管理法制框架部分内容

<table>
<tr><td colspan="2">法律</td><td>《中华人民共和国突发事件应对法》
《中华人民共和国安全生产法》
《中华人民共和国民用航空法》
《中华人民共和国反恐怖主义法》</td></tr>
<tr><td rowspan="2">法规</td><td>综合序列</td><td>《企业安全生产应急管理九条规定》
《突发事件应急预案管理办法》
《生产安全事故应急预案管理办法》
《中央企业应急管理暂行办法》</td></tr>
<tr><td>民航序列</td><td>《中国民用航空应急管理规定》
《民用运输机场突发事件应急救援管理规则》
《民用航空安全信息管理规定》
《公共航空运输企业航空安全保卫规则》
《民用航空运输机场航空安全保卫规则》
《公共航空旅客运输飞行中安全保卫规则》
《民用航空危险品运输管理规定》
《中国搜寻救援民用航空器规定》
《民用航空器飞行事故应急反应和家属援助规定》
《民用航空器事故和飞行事故征候调查规定》</td></tr>
</table>

续 表

规范性文件	《民用航空器飞行事故等级》 《民用航空地面事故等级》 《民用航空器事故征候标准》 《生产经营单位生产安全事故应急预案编制导则》 《生产安全事故应急演练指南》 《生产安全事故应急演练评估规范》 《国家处置民用航空器飞行事故应急预案》 《中国民航局应对突发事件总体预案》 《国际民用航空公约》附件 6、12、13、17 等 《星空联盟》《天合联盟》等

七、什么是应急管理体制？民航企事业单位应该如何建设应急管理体制？

应急管理体制通常是指应急管理机构的组织形式，也就是不同层次的应急管理机构各自的法律地位、相互间的权力分配关系及其组织形式等。

《中华人民共和国突发事件应对法》规定“国家建立统一领导、综合协调、分类管理、分级负责、属地管理为主的应急管理体制”。

《中国民用航空应急管理规定》规定“民航应急工作建立统一领导、综合协调、分类管理、分级负责的应急管理体制”。

民航企事业单位应该分内外两部分建设应急管理体制。

（1）外部建设，主要是指民航企事业单位（尤其是机场、航油企业）在相关法律、法规的指导下，通过一系列文件或协议，明确自身与地方政府、地方救援机构、外部协议单位以及其他民航单位的法律地位、权责关系、管理权限、指挥组织形式等内容，严格落实“属地管理”原则，将本单位应急管理体制完全纳入地方政府应急管理体制。

（2）内部建设，主要是指民航企事业单位严格按照“统一领导、综合协调、分类管理、分级负责”的要求，明确组织内部各单位、各部门的权责关系，构建符合要求的应急管理组织架构。

一般而言，民航企事业单位均成立了以负责人为组长的应急管理工作领导小组，履行“统一领导”职能；在领导小组下设立应急管理办公室，负责“综合协调”；各职能、运行和保障部门以及分公司与子公司或下属二级单位，依据自身运行实际，履行“分类管理”和“分级负责”职责。

尤其需要强调的是，民航企事业单位在建设内部体制时，一定要强调“全员意识”，通过制度设计，将应急职责层层落实到各部门、各岗位，要让本单位所有人员都意识到自己有应急职责，切勿使其陷入“应急就是应急办的事”“应急就是运控的事”“应急就是领导的事”等思维怪圈。

八、什么是应急办？其在应急管理体制中的地位如何？当前应急办的设置形式有哪些？发展趋势是什么？

应急办的全称应该是“应急管理工作领导小组办公室”，是各单位应急管理工作领导小组常设的办事机构，代表领导小组在日常和应急状态下行使“综合协调”职能，简称为“应急管理办公室”或“应急办”，是应急管理体制中承上启下的重要枢纽部门。

民航各单位应急办的设立均起源于国家设置的国务院应急管理办公室。按照《国务院办公厅关于设置国务院应急管理办公室（国务院总值班室）的通知》（国办函〔2006〕32号）中的相关要求，国务院办公厅设国务院应急管理办公室，履行值守应急、信息汇总和综合协调职责，发挥运转枢纽作用。

在民航规章方面，《中国民用航空应急管理规定》中明确了“民航管理部门设立应急工作办事机构”“企事业单位应当设立或者指定应急工作机构”；《民用运输机场突发事件应急救援管理规则》中规定“机场管理机构应当设立机场应急救援指挥管理机构，即机场应急救援指挥中心（以下简称指挥中心），作为机场应急救援领导小组的常设办事机构，同时也是机场应急救援工作的管理机构和发生突发事件时的应急指挥机构”。

按照规章要求，民航各企事业单位均设立了应急办。按照应急办“值守应急、信息汇总、综合协调，发挥运转枢纽作用”的基本职能，绝大部分单位将应急办设置在运行管理部门。

如果应急办仅承担基本职能的话，设置在运行管理部门是合适的；但是，在实际运行中，大部分单位的应急办已经超越了“值守应急、信息汇总、综合协调，发挥运转枢纽作用”这一基本职能，承担了诸如“应急预案、应急演练、制度建设、队伍建设、应急检查”等扩展职能。

不同于基本职能都属于运行领域，扩展职能基本上都属于管理工作。运行管理部门作为运行单位，是否适合承担管理工作，就有待商榷了。而且，在当前实际运行中，应急办虽然名义上代表单位，实则已经异化为运行管理部门的一个下属机构，无论是人员、经费还是考核，都由运行管理部门控制，这样其实就使运行管理部门在应急管理中既是运动员又是裁判员，不利于应急管理工作的开展。

在此背景下，目前关于应急办的设置出现了“机构上移、管运分离”的趋势，即将应急办的基本职能和扩展职能分离，基本职能作为运行工作，仍留在运行管理部门；扩展职能作为管理工作，或者上移至机关职能部门，如安全管理部门或运行标准部门等，或者在机关单独成立应急管理部门。目前，华东空管局等单位已经按照这一趋势，调整了应急办设置。

九、什么是应急管理机制，包含哪些内容？

应急管理机制是指突发事件发生、发展和变化全过程中各种制度化、程序化的应急管理方法与措施。

以“预防与应急准备、监测与预警、应急处置与救援、事后恢复与重建”为逻辑线，对于民航各单位而言，应急管理机制大体包含以下 17 项内容（子机制），如表 3 所示。

表 3　应急管理机制

预防与应急准备	监测与预警	应急处置与救援	事后恢复与重建
风险管理机制 应急准备机制	事件监测机制 信息研判机制 预警机制	信息报告机制 先期处置机制 快速评估机制 分级响应机制 决策指挥机制 专业处置机制 协调联动机制 信息发布机制	运行恢复机制 救助补偿机制 调查评估机制 责任追究机制

十、民航各单位需要重点关注的机制有哪些？需要怎么做？

根据当前民航各单位的应急管理现状及需要，在 17 个主要的应急管理机制之中，应急准备机制、预警机制、信息报告机制、先期处置机制、决策指挥机制和协调联动机制尤为重要，需要重点关注。

（1）应急准备机制，是指为了在应急响应时做到高效、协调和快速，而持续循环进行的规划、组织、培训、装备、演练、评估和改进等活动。应急准备机制是民航应急管理工作的主体部分，是决定应急处置成败和效果的基础和决定性因素。

（2）预警机制，是指在突发事件发生之前，根据数据、情报、资料等，运行科学方法，对未来可能出现的突发事件性质、程度、发展趋势作出预估，并向相关单位和个人发布的相关活动。

民航各单位在建设预警机制时，要注意以下几点：第一，明确本单位的可预警事件；第二，明确各类事件的预警等级；第三，明确各类预警信息发布、报告、通报与解除的流程、责任岗位及方式方法；第四，明确不同预警等级下，本单位所要开展的具体措施与活动。

（3）信息报告机制，是应急管理的基础性工作，贯穿于应急管理全过程，是及时处置突发事件的前提，直接反映应急管理工作的能力和水平，是各单位在应急过程中最容易出问题的环节。

民航各单位在建设和完善信息报告机制时，要注意以下几点：第一，明确各类信息报告的责任人/岗位，尽可能实现“点对点”传输；第二，明确上报、通报、传递的流程、次序和内容；第三，信息报告贯穿始终，要特别注意信息续报、终报活动；第四，要重视诸如APP等新技术的应用。

（4）先期处置机制，是指在突发事件即将发生或刚刚发生，有关部门只能作出初步判断或还不能作出准确判断的情况下，对事件进行早期的控制与处置。在民航突发事件实际处置过程中，先期处置往往能决定整个应急活动的成败。

民航各单位在建设和完善先期处置机制时，要注意以下几点：第一，一定要确立“边处置、边报告”原则，把对事态的控制和处置放在第一位；第二，要明确现场人员职权范围，充分授权；第三，丰富和完善“小微”预案，为先期处置活动提供程序化文件支撑；第四，要重点加强一线人员的遂行应急能力。

（5）决策指挥机制，是应急处置与救援中的关键活动。

民航各单位在建设和完善决策指挥机制的过程中，要注意以下几点：第一，明确决策层与指挥层的各自权限；第二，严守分级负责原则，互不越权；第三，现场指挥必须专业化；第四，充分授权，尽可能“把权力交给听见第一声枪响的人”。

（6）协调联动机制，是指不同部门、不同单位之间相互配合、共同行动，形成合力处置突发事件的各项活动。

民航各单位在建设和完善协调联动机制中，要注意以下几点：第一，各单位内部联动一定要明确牵头部门，各部门预案中必须留有相应接口；第二，与政府和其他单位外部联动时，必须明确自身位置，做好预案衔接，统一指挥，协同行动；第三，坚守“属地为主”原则，加强与地方政府的联系，力争将本单位的应急活动完全纳入地方政府的应急活动之中。

十一、什么是应急预案？应急预案的作用有哪些？

《生产经营单位生产安全事故应急预案编制导则》（GB/T 29639—2013）中规定，应急预案是为有效预防和控制可能发生的事故，最大限度地减少事故及其造成损害而预先制定的工作方案。

应急预案的作用实质是把非常态事件中的隐形常态因素显性化，降低突发事件的未知性和混乱度。

在工作中，应急预案主要有三个作用：第一，应急处置时用来指导各项应急活动；第二，用来指导培训和演练工作；第三，在日常应急管理工作中提供制度查询。

十二、什么是应急预案体系？

根据《中国民用航空应急管理规定》，民航管理部门建立健全应急预案体系，主要包括总体应急预案、专项应急预案、地区应急预案。根据《生产经营单位生产安全事故应急预案编制导则》，生产经营单位的应急预案体系主要由综合应急预案、专项应急预案和现场处置方案构成。

（1）综合应急预案是生产经营单位应急预案体系的总纲，主要从总体上阐述事故的应急工作原则，包括生产经营单位的应急组织机构及职责、应急预案体系、事故风险描述、预警及信息报告、应急响应、保障措施、应急预案管理等内容。

（2）专项应急预案是生产经营单位为应对某一类型或某几种类型事故，或者针对重要生产设施、重大危险源、重大活动等内容而制定的应急预案。专项应急预案主要包括事故风险分析、应急指挥机构及职责、处置程序和措施等内容。

（3）现场处置方案是生产经营单位根据不同事故类别，针对具体的场所、装置或设施制定的应急处置措施，主要包括事故风险分析、应急工作职责、应急处置和注意事项等内容。

十三、应急预案编制的基本要求有哪些?

根据《生产安全事故应急预案管理办法》的规定，应急预案的编制应当符合下列基本要求:

（1）符合有关法律、法规、规章和标准的规定。

（2）结合本地区、本部门、本单位的安全生产实际情况。

（3）结合本地区、本部门、本单位的危险性分析情况。

（4）应急组织和人员的职责分工明确，并有具体的落实措施。

（5）有明确、具体的事故预防措施和应急程序，并与其应急能力相适应。

（6）有明确的应急保障措施，并能满足本地区、本部门、本单位的应急工作要求。

（7）预案基本要素齐全、完整，预案附件提供的信息准确。

（8）预案内容与相关应急预案相互衔接。

十四、什么是应急演练？演练的目的是什么?

《国务院突发事件应急演练指南》中规定，“应急演练为各级人民政府及其部门、企事业单位、社会团体等组织有关单位及人员，根据有关应急预案，模拟应对突发事件的活动”。

《生产安全事故应急演练指南》中规定，“应急演练是针对事故情景，依据应急预案而模拟开展的预警行动、事故报告、指挥协调、现场处置等活动”。

根据《国务院突发事件应急演练指南》，演练需要达到以下五个目的:

（1）检验预案。通过开展应急演练，查找应急预案中存在的问题，进而完善应急预案，提高应急预案的实用性和可操作性。

（2）完善准备。通过开展应急演练，检查应对突发事件所需应急队伍、物资准备、技术等方面的准备情况，发现不足并及时予以调整补充，做好应急准备工作。

（3）锻炼队伍。通过开展应急演练，增强演练组织单位、参与单位和人员等对应急预案的熟悉程度，提高其应急处置能力。

（4）磨合机制。通过开展应急演练，进一步明确相关单位和人员的职责任务，理顺工作关系，完善应急机制。

（5）科普宣传。演练是最好的培训。通过开展应急演练，普及应急知识，提高公众风险防范意识和自救互救等灾害应对能力。

十五、应急演练有哪些类型?

应急演练按照演练内容分为：综合演练和单项演练；按照演练形式分为：实战演练和桌面演练。不同类型的演练可相互组合。

（1）综合演练是指针对应急预案中多项或全部应急响应功能开展的演练活动。

（2）单项演练是指针对应急预案中某项应急响应功能开展的演练活动。

（3）实战演练是指选择（或模拟）真实的设备、设施、装置或场所，针对事先设定的情景，依据应急预案而模拟开展的演练活动。

（4）桌面演练是指针对事故情景，利用图纸、沙盘、流程图、计算机、视频等辅助手段，依据应急预案而进行交互式讨论或模拟应急状态下应急行动的演练活动。

十六、民航各单位在开展应急演练时的工作重点有哪些?

民航各单位在开展应急演练时，应注意以下三点：

（1）加强演练规划的顶层设计，统筹规划不同类型的应急演练，保证演练的覆盖面和针对性。

（2）要特别加强对信息报告、先期处置、决策指挥、协调联动等重点机制的演练工作，结合实际运行情况，针对这些活动，要多开展“三无”（无通知、无准备、无脚本）应急演练。

（3）针对不同层级的人员，要注意演练的形式和重点：对于一线人员，要多进行“三无”演练，重点提升他们在应急状态下的遂行应急能力；对于中层管理人员，多进行有限脚本下的桌面演练，重点考察锻炼他们的综合协调和临场指挥能力；对于高层管理人员，要多开发和构建决策情景，重点考察锻炼他们在复杂情况下的决策能力。

参考文献

[1] 闪淳昌，薛澜. 应急管理概论：理论与实践［M］. 北京：高等教育出版社，2012.

[2] 李尧远，马胜利，郑胜利. 应急预案管理［M］. 北京：北京大学出版社，2013.

[3] 托马斯·D. 费伦. 应急管理操作实务［M］. 林毓铭等译，北京：知识产权出版社，2012.

[4]《应急救援系列丛书》编委会. 企业政府应急救援预案编制实务［M］. 北京：中国石化出版社，2008.

[5] 乔治·D. 哈岛，琼·A. 布洛克，达蒙·P. 科波拉. 应急管理概论［M］. 龚晶等译，北京：知识产权出版社，2012.

[6] 罗建军，蒋洲等编著. 应急管理实务［M］. 长沙：湖南人民出版社，2015.

[7] 游志斌. 应急规划、预案与演练：借鉴与思考［M］. 北京：国家行政学院出版社，2013.

[8] 赵玉明. 机场应急救援［M］. 北京：中国民航出版社，2008.

[9] 杰瑞·A. 艾肯伯格. 处置飞行中的紧急情况［M］. 北京：中国民航出版社，2006.

[10] 张光辉. 机场航空器突发事件响应基础知识［M］. 北京：中国民航

出版社，2015.

［11］孙佳.民航安全管理与应急处置［M］.北京：中国民航出版社，2012.

［12］汤黎，何梅.客舱安全管理与应急处置［M］.北京：国防工业出版社，2016.

第八章

民航安全文化

一、安全文化概念是什么时候提出的?

安全文化是伴随人类的生产活动而产生的。但是，人类有意识地发展安全文化，是由国际原子能机构在对1986年发生的切尔诺贝利核泄漏事故调查分析的基础上，于1988年，由核安全咨询组在其“核电安全的基本原则”中把“安全文化（safety culture）”的概念作为一种基本管理原则提出的，强调安全的目标必须渗透到核电厂发电所进行的一切活动中。1991年国际核安全咨询组在出版的75-INSAG-4报告《安全文化》中首次定义了“安全文化”的概念：安全是团体和个人的素质与态度的集合。

二、安全文化的思想发展历程是什么?

有了人类生存就有了原始安全文化的萌芽，从安全哲学的观点，从安全认识论的角度，从安全生产活动及科技进步方面，都可以描述和解释人类安全文化的发展过程。

首先是17世纪前的安全无知论与安全宿命观。当时人类对生存活动中的安全问题，由于认识能力低下，生存方式简朴，遭遇灾害和疾病时表现出无能为力，听天由命，对怎样保护生命处于无知、软弱、被动的境地。从原始社会到粗放农业时期，孕育了远古安全文化。

其次是工业革命时代至20世纪初的安全经验论与传统安全观。蒸汽机时代，工业革命推动了社会发展，人类在生产、生存的实践活动中学到了保护自己的经验，吸取了事故的教训，逐渐成为安全活动的局部有知者。用经验的方法，用事后“亡羊补牢”的观点，保护自己的生命安全，开始摆脱安全无知、被动安全的局面，形成了近代安全文化。

20世纪初至60～70年代是系统安全论与综合安全观。军事工业、航空工业的发展及星弹研制，对工程技术的安全性、可靠性、系统性、精确性提出了极高的要求，从设计、制造和实验方面的苛刻要求，带动了高新技术和系统工程的发展，出现了系统安全论及综合安全观，系统安全知识及安全工程技术成为现代安全文化的重要内容。

20 世纪 70 ~ 80 年代兴起了安全文化论与超前预知预控观。在军事工业竞争与发展的同时，宇航事业的发展推动了星空宇宙的探密，核工业的崛起又带动了核能发电，因而提出了系统化、自动化、智能化的要求，不断地进行理论创新、技术创新、攻克科技前沿难题，在人类享用科技成果的同时，也承受着高科技带来的危害和风险。于是以人为本，把人的生命与安全放在首位成了最高目标。为了保护人的身心安全与健康，设备与技术的安全性、可靠性、精确性必须是能超前预知的、可控的，这就形成了与时俱进的安全文化论和预知预控观，也称为大安全文化。

人类对生命安全与健康保护的认识，经历了无知、局部有知、系统有知、超前预知预控的发展过程，反映了安全的认识和安全哲学观的不断完善，更表明了安全文化在人类的生产、生活、生存活动中不断丰富和繁荣。有关安全理论发展的四个阶段如表 1 所示。

表 1　有关安全理论发展的四个阶段

时期	安全认识论与安全方法论
17 世纪以前	宿命论与被动型的安全哲学
17 世纪末至 20 世纪初	经验论与事后型的安全哲学
20 世纪初至 60 ~ 70 年代	系统论与综合型的安全哲学
20 世纪 70 ~ 80 年代以后	本质论与预防型的安全哲学

三、安全文化的概念是什么？

安全文化是人类生产活动与生存过程中的安全价值观、安全方式、安全行为准则以及安全规范、安全环境的总和。

一个企业的安全文化是个人和集体的价值观、态度、能力和行为方式的综合产物，它取决于安全管理上的承诺、工作作风和精通程度。“以人为本”是安全文化的核心理念，一切为了人的人本观念是安全文化建设的基本准则。只有启发、引导、强化员工的安全意识，增强员工的防范意识，提高员工的安全素质和技能，从“要我安全”转变为“我要安全”“我会安全”，才能达到“不伤害自己，不伤害他人，不被他人伤害”的安全状态。

四、安全文化的常用术语有哪些？

（1）安全理念：企业安全理念是企业生产经营秉持与追求的安全理想与信念。企业安全理念反映企业安全生产的时代特征和发展趋势，是员工安全观念文化的核心。

（2）安全价值观：企业安全价值观是企业员工对安全生产的价值认知，它决定员工的行为取向与行动准则。

（3）安全承诺：安全承诺是企业领导者、管理者对保护员工安全健康、保障企业安全生产目标，所涉及的安全法律法规、安全制度规范和安全生产绩效等要约的同意，以及员工对自己的安全责任的履行和安全生产制度及操作规程遵守等作出的保证。

（4）安全意识：安全意识是员工对自身角色安全责任和安全感的认知和定位，是员工脑海里形成的安全概念、想法和思路。员工的安全意识是个体安全认知、安全情感和安全意志的综合反映。

（5）安全使命：企业安全使命是企业为实现其安全愿景而必须完成的核心任务。企业安全使命是企业优秀安全行为文化的标志。

（6）安全愿景：安全愿景是企业明确的未来一段时期安全生产的志愿和前景。企业安全愿景要表达现代的安全理念，要体现先进的观念文化。

（7）安全目标：安全目标是企业为实现其安全使命，而由必须采取的行动计划所确定的行动方向和标准。

（8）安全态度：安全态度是企业员工对安全生产的心态、想法与信心。

安全态度决定企业领导者与管理者的安全决策和管理行为，作用和影响员工生产过程的作业行动。

（9）安全行为习惯：安全行为习惯是企业员工长期传承和自然形成的行为惯式。安全行为习惯包含良好的和可能不良的行为方式。

（10）安全行为规范：安全行为规范是企业对员工制定的安全生产要求和标准。安全行为规范与员工岗位工作相符，通过文件的形式体现。

（11）安全素养：安全素养是企业员工所具备的基本安全知识、岗位安全能力，以及安全观念和安全行为表现的总和。

（12）安全激励：安全激励是企业采用政治荣誉、行政经济、人性心理、社会道德、家庭亲情等软实力手段，对员工安全生产行为加以肯定与促进，从而使其能够主动、自觉安全行为，最终实现企业安全生产目标的文化管理方式。

（13）安全参与：安全参与是指企业员工与其合作单位投身于企业安全生产工作的开展、改进和完善，为企业安全生产工作作出贡献。

（14）安全沟通：安全沟通是指企业内部或企业与外部或上级之间用任何方法，如视觉、符号、电话、电报、收音机、电视或其他工具为媒介，进行安全生产信息、安全经验和思想的交流与传递。

（15）安全楷模：安全楷模是指安全意识强、安全态度端正、安全责任感强，在安全工作中表现突出的先进模范人物。

五、安全文化的形态体系包括哪些方面?

从文化的形态来说，安全文化的范畴包含安全观念文化、安全行为文化、安全管理文化和安全物态文化。安全观念文化是安全文化的精神层，安全行为文化和安全管理文化是安全文化的制度层，安全物态文化是安全文化的物质层。

（1）安全观念文化：主要是指决策者和大众共同接受的安全意识、安全理念、安全价值标准。安全观念文化是安全文化的核心和灵魂，是形成和提高安全行为文化、制度文化和物态文化的基础和原因。我们需要建立的安全观念文化是：预防为主，安全是生产力，安全第一，安全就是效益，安全性是生活质量，风险最小化，最适安全性，安全超前，安全管理科学化等，同时还有自我保护意识，风险防范意识，防患于未然意识等。

（2）安全行为文化：指在安全观念文化指导下，人们在生活和生产过程中的安全行为准则、思维方式、行为模式的表现。行为文化既是观念文化的反映，同时又作用和改变观念文化。现代工业化社会，需要发展的安全行为文化是：进行科学的安全思维，强化高质量的安全学习，执行严格的安全规范，进行科学的安全领导和指挥，掌握必需的应急自救技能；进行合理的安全操作等。

（3）安全管理（制度）文化：安全管理文化是企业行为文化中的重要部分，是指对社会组织（或企业）和人员的行为产生规范性、约束性影响和作用，它集中体现观念文化和物质文化对领导和员工的要求。安全管理文化的建设包括从建立法制观念、强化法治意识、端正法制态度，到科学地制定法规、标准和规章，严格执法程序和自觉执法行为等。同时，安全管理文化建设还包括行政手段的改善和合理化，经济手段的建立与强化等。

（4）安全物态（物质）文化：安全物质文化是安全文化的表层部分，它是形成观念文化和行为文化的条件。从安全物质文化中往往能体现出组织或企业领导的安全认识和态度，反映出企业安全管理的理念和哲学，折射出安全行为文化的成效。所以说，物质是文化的体现，又是文化发展的基础。企业生产过程中的安全物态文化体现在：一是人类技术和生活方式与生产工艺的本质安全性；二是生产和生活中所使用的技术和工具等人造物及与自然相适应有关的安全装置、仪器、工具等物态本身的安全条件和安全可靠性。

六、国内安全文化研究与建设现状如何？

1994年原劳动部部长李伯勇提出“把安全工作提高到安全文化的高度来认识”，以科学的态度，道破了当时事故频发和安全工作在低水平上徘徊的原因，也找到了新中国成立以来发生的四次伤亡事故高峰的要害，他提出要倡导和弘扬安全文化，提高人民的安全文化素质。安全文化由此在我国兴起。

自安全文化引入我国以来，一些企业的安全文化建设已取得丰硕成果。但是我国劳动者包括企业经营管理者整体的安全素质还比较低，企业安全文化建设与国外先进企业存在较大差距。特别是与安全发展和建设和谐社会的要求相比，差距还很大。全民和从业人员的安全法律意识普遍不强，安全素质普遍不高，安全知识和技能普遍偏低等直接关系生命安全和职业健康的“软件”急需改善，安全文化建设的任务十分繁重。

七、安全文化的类型有哪些?

Ron Westrum，一位美国社会科学家，曾经确定了三种类型的安全文化：生成式（Generative）、非理智式（Pathological）和官僚式（Bureaucratic）。主要区别特征是单位处理安全相关信息的方式。

（1）生成式安全文化的单位以深入学习为特征。他们“鼓励个人和团体观察、询问、使结论公开；并且如果观察结果涉及系统的重要方面，则鼓励大家积极地使这些观察结果引起高级管理部门的关注”。

（2）非理智式安全文化的单位对揭发者封口、诽谤或中伤、逃避集体性的责任、惩罚或掩盖过失、阻碍新观点并压制管理者。

（3）官僚式安全文化的单位在很大程度上似乎介于上述两种情况之间。他们没有扼杀新观点的必要，但新的观点经常出现问题。他们趋于维持在学习的控制阶段，并大量地依赖程序来降低性能变动。安全管理趋向于孤立而不是通用化，并且通过局部调整而不是系统性改革进行处理。

莱顿大学的 Patrick Hudson 将这三种类型扩展到五个阶段，五个阶段中每一个阶段必须在下一个级别获得之前通过。这一级一级的进展都是通过不断增加的信任、不断增长的知识以及参与双循环学习的意愿实现的。

（1）非理智的（“只要不被抓住，我们才不管那么多，谁会在乎”）。

（2）被动式的（“安全很重要，每次我们遇到事故都会做很多事情”）。

（3）官僚式的（“我们有各种系统管理所有的危害行为”）。

（4）主动式的（“我们努力解决还在寻找的问题”）。

（5）生成式的（“我们知道实现安全很困难；我们一直在想办法找到系统发生故障的新方式，并且我们对偶发事件心中有数，以便随时应付”）。

前面最困难的步骤是在主动和生成式的阶段之间。很多主动式的单位往往有了成绩就自满，不思进取，但真正的生成式的组织经常知道关于系统失效的最新情形。他们清楚，如果很长一段时间不发生异常情况并非好消息，因为这代表的仅仅是没有消息。

八、世界上哪家公司安全文化最具代表性？

美国杜邦公司安全文化建设成绩卓越。该公司十分重视安全文化建设，其成就表明“一个优秀的企业必定有优秀的安全文化，而优秀的安全文化又将极大地提升企业在全球经济中的竞争力”。事实说明了这一点，现在杜邦公司下属企业已遍布六大洲70多个国家，在销售份额不断扩大的同时，伤亡事故趋近于零。作为世界500强企业的美国杜邦公司的新员工上班的第一件事是接受安全培训，开会第一个话题是安全问题。在该公司很小的事都有安全规定，如上下楼梯必须扶扶手，办公室不准奔跑，拿笔不准笔尖向上等，正是这些点滴小事营造出一种安全管理氛围，让每个员工随时随地绷紧安全弦。他们认为，安全事故造成的隐形损失是直接损失的4倍至7倍，企业安全管理能直接促进经济效益的提高。

“本公司是世界上最安全的地方”，杜邦公司对安全控制很有信心。该公司自成立以来就逐渐形成了一种独特的企业文化：安全是企业一切工作的首要条件。应该说，杜邦公司200多年历史，前100年的安全记录是不好的。1802年成立时以生产黑色炸药为主，发生了许多事故，最大的事故发生在1818年，当时杜邦公司100多名员工有40多名在事故中死亡或受到伤害，企业面临破产。杜邦公司在沉沦中崛起后得出一个结论：安全是公司的核心利益，安全管理是公司事业的一个组成部分，安全具有压倒一切的优先权。杜邦公司在后100多年形成了完整的安全体系，安全取得丰硕成果，并获得社会的认同。所有的成绩与杜邦公司建立的安全文化和安全理念有着密切的联系。杜邦公司安全文化的本质就是通过行为人的行为体现对人的尊重，就是人性化管理，体现以人为本。文化主导行为，行为主导态度，态度决定结果，结果反映文明。杜邦公司的安全文化，就是要让员工在科学文明的安全文化主导下，创造安全的环境，通过安全理念的渗透，来改变员工的行为，使之成为自觉规范的行动。

杜邦公司的安全文化和安全理念主要体现在以下几个方面：预防为主，一切事故都是可以预防的。这是杜邦公司从高层到基层的共同理念。工作场所从来都没有绝对的安全，决定伤害事故是否发生的是处于工作场所中员工的行为。管理者并不能为员工提供一个绝对安全的场所，它只能提供一个使员工安全工作的环境。企业要提供一个安全工作场所，即一个没有可识别的危害的工作场所是不可能的。在很多情况下，是人的行为而不是工作场所的特点决定了伤害的发生。正因为所有的事故都是在生产过程中通过人对物的行为所发生的，人的行为可以通过安全理念加以控制，抓事故预防就是抓人的管理，抓员工的意识（包括管理者的意识）、抓员工的参与，杜绝各种各样的不安全行为（包括管理者的违章指挥）。

（1）管理优先。各级管理层对各自的安全负责。“员工安全”是杜邦公司的核心价值观。杜邦公司的高层管理者对其公司的安全管理承诺是：致力于使工人在工作和非工作期间获得最大限度的安全与健康；致力于使客户安全地销售和使用我们的产品。为了取得最佳的安全效果，各级领导一级对一级负责，在遵守安全原则的基础上，尽一切努力达到安全目标。

安全管理成为公司事业的一个组成部分，安全管理的触角涉及企业的各个层面，做到层层对各自的安全管理范围负责，每个层面都有人管理，每个员工都要对其自身的安全和周围工友的安全负责，每个决策者、管理者乃至小组长对手下员工的安全都负有直接的责任。

（2）行为控制。不能容忍任何偏离安全制度和规范的行为。杜邦公司的任何一员都必须坚持杜邦公司的安全规范，遵守安全制度。如果不这样去做，将受到严厉的纪律处罚，甚至解雇。这是对各级管理者和工人的共同要求。

工作外安全行为管理和安全细节管理，是杜邦公司独特的安全文化。“把工人在非工作期间的安全与健康作为我们关心的范畴”，在工作以外的时间里仍然要做到安全第一。杜邦公司认为工伤与工作之余的伤害，不仅损害员工及其家庭利益，也严重影响公司的正常运行。“铅笔不得笔尖朝上插放，以防伤人；不要大声喧哗，以防引起别人紧张；过马路必须走斑马线，否则医药费不予报销；骑车时不得听‘随身听’；打开的抽屉必须及时关闭，以防人员碰撞；上下楼梯，请用扶手。”这些规定，看似烦琐，实际上折射出管理层对员工生命权和健康权的关注。

（3）安全价值。安全生产将提高企业的竞争地位。在杜邦公司所坚信的十大信条里，确信“安全运作产生经营效益”，安全会大大提升企业的竞争地位和社会地位。杜邦公司很会算安全效益账，他们把资金投入到安全上，从长远考虑成本没有增加，因为预先把可能的事故损失带来的赔偿投入到安全上，既挽救了生命，又给公司带来良好的声誉，消费者对公司更有信心，反而带来效益的大幅增长。

九、民航系统为什么要建设安全文化？

事故原因因素的分类统计资料表明，“人为因素”已经上升为现代航空事故的主要原因因素。在航空事故的原因中，机组原因要达到 2/3，机组原因属人为因素。而其他如飞机维护、机场 / 空管等方面的原因，也有许多是人为错误的结果。据此，专家估计，在现代航空事故原因中，人为因素已达到 80% ~ 90%。

21 世纪民用航空的特征将是“以人为中心的自动化”。作为管理者、决策者和自动化失效时的最后安全屏障，人在未来高度自动化的民航系统中，其重要性只会增强，不会削弱。由此可以断言，当前降低航空事故率的努力应当把重点放在改进人为因素上。技术因素还在不断改进之中（无疑也应当），但由于其所占比重只有 10% ~ 20%，对航空事故率的总体，不会起重大作用。只有切实改善人的行为，有效阻止人为错误造成严重后果，航空事故率才有望得到实质性的下降。而且根据资料显示，几乎每次事故发生，都不是单一因素引起的，是由一系列事件组成的事故链造成的，而大多数事件不仅与人有关，而且与制度、政策等有关，因而要从系统的、全面的观点出发来进行安全管理。

如果从事故出发，安全管理可以简单分为两类，即“事前”安全管理和“事后”安全管理。“事前”安全管理是前移安全防范关口，全面预测预防，尽可能将事故消灭在萌芽状态。“事后”安全管理即事故发生后，进行调查，发现原因，采取措施，预防事故的重复发生。“事后”安全管理是绝对必要的，但更重要的是“事前”安全管理。目前，一个较有效的方法是进行系统安全分析与评估，通过评估全面了解系统的薄弱环节所在及其危害程度，从而有针对性地采取措施，加强安全。基于此，世界民航界近年来纷纷开展了安全评估活动，并建立了一整套比较完善的安全评估方法和程序，如中国民航自行开发的“航空公司安全评估系统”“机场安全评估系统”以及“空中交通服务安全评估系统”。事实证明这样的评估能有效地帮助发现隐患，主动地引导安全行为，是落实“预防为主”的系统方法。然而，用于发现系统安全薄弱环节的安全评估却仅能通过发现隐患来预防事故，而不能从根本上消除隐患。如果评估不及时，或不彻底，或预防措施不力，隐患仍有可能会演变成事故。因此，消除隐患最为理想的途径是抓住最大限度减少人为失误这一关键，“以人为本”推广与普及安全文化，从根本上提高人的安全文化素养，使安全成为每一个人共同的、有效的、自觉的行动。也就是说，以文化为载体，通过文化的渗透与潜移默化的熏陶，创造“安全第一”的文化氛围，发挥文化的导向功能、激励功能、凝聚功能、约束功能、辐射功能和协调功能，形成以提高人的安全文化素质进而达到减少人为失误、提高安全工作水平的安全管理新机制。

一个具有良好安全文化氛围的企业，能够为工作人员创造良好的工作环境，使之尽可能减少失误；并构筑道道屏障，有效阻止失误而造成事故；在发展的过程中能够使系统的安全性不断得到改善，使之良性循环；随着系统缺陷的消除，良好作风的形成，企业将越来越健康，为在市场风浪中搏击打下坚实基础。良好的安全文化既有防护、保障功能的一面，也有激发人的能动性的一面；良好的安全文化能促使人们在理解的基础上合理地使用设备，自觉地遵守规章；良好的安全文化能激发人的能动性，促使人们千方百计地弥补设备和规章的不足。

可见，安全文化建设不仅是加强安全防护的基本手段，也是主动促进安全的有力措施。21 世纪，要解决面临的航空安全问题，大幅度降低航空事故率，加强安全文化建设仍是必由之路。

十、民航安全文化建设的内涵是什么？

民航安全文化是在一定的社会历史条件下，民航组织在长期的安全生产和安全管理活动中所形成的安全价值体系和安全行为方式。它包括组织安全价值观、组织安全精神、组织安全形象、组织安全环境等，是组织宝贵的、潜在的无形安全资产和安全精神财富。

民航安全文化的结构可以分为四个层次：器物层次、制度层次、精神智能层次和价值规范层次，即安全物态文化、安全制度文化、安全行为文化、安全观念文化。安全观念文化是安全文化的精神层，也是安全文化的核心层；安全行为文化和安全制度文化是中层文化；安全物态文化是表层部分，或称为安全文化的物质层。安全文化层次结构如图 1 所示。

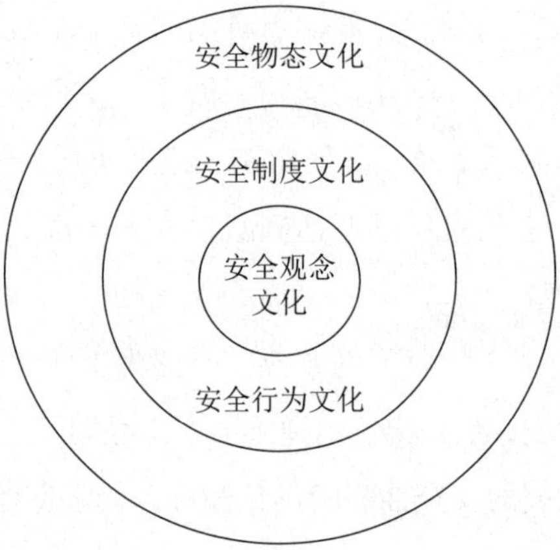

图 1　安全文化层次结构

十一、民航安全文化建设的特点是什么?

理论研究和实践证明，企业安全文化模式一般都具有行业或企业的特点，即与企业文化相结合，特别是受企业的生产情况和经济状况的影响。因此，民航安全文化也具有自己的特点：

（1）“安全第一”是民航安全文化的灵魂。在民航管理理论的发展和航空运输企业经营的实践中，作为安全工作的指导思想，“安全第一、预防为主”已经成为指导全局工作，促进行业持续、健康发展重要的思想基础和宝贵的精神财富。

（2）“诚信严实”是民航安全文化的精髓。回顾我国民航的发展历程，特别是安全工作的实践，我们就会发现，作为一个极其宝贵的经验，“诚信严实”已经在我国航空安全管理体系之中得到全面的体现；作为一种优良的作风，“诚信严实”已经在民航安全生产实践中得以广泛地传承。

民航安全工作技术性、系统性、风险性非常强，是一项实打实、硬碰硬的工作，强调“诚”，就是要求在抓安全工作时，一定要尊重科学，实事求是，照章办事，有错即改，坚决反对不求甚解、盲目蛮干，反对摆花架子、弄虚作假。

信，就是“守信”。对民航的安全工作来说，“信”就是有关航空安全的客观规律、规章制度和法律意义上的合同、约定。提倡守信，是要求在安全工作中一定要尊重客观规律，遵守规章制度，认真履行合同，在实践中养成一种遵纪守法的作风，坚决反对违反规律、违背道德，反对违规运行、违章操作、破坏合同。组织和实施飞行，要严格依照法规规章和运行手册；进行机务维护，要严格执行工作单卡制度；空中交通管制，要尊重规律、规范程序。

在民航安全工作中，“严”具有丰富的内涵，可以理解为严格、严密、严明、严谨、严肃（“五严”）。准确地说，就是在安全工作中，制度一定要严格，组织一定要严密，纪律一定要严明，作风一定要严谨，处罚一定要严肃，坚决反对执行规章打折扣、落实制度不规范，反对组织松弛、纪律散漫、作风稀落，反对送人情，反对大事化小，小事化了。

实，就是务实、扎实、踏实。安全工作，重在落实，这个“实”就是思想上的务实、作风上的扎实和工作上的踏实，最终体现为合乎规范和效率较高的工作质量。强调“实”，就是要求安全工作一定要务实求真，一丝不苟，不留死角，安全管理人员和执法监察人员要深入基层，严格管理，严格执法，反对工作松懈、要求不高、作风漂浮，反对形式主义和本本主义，反对仅靠嘴巴、文件和会议落实安全工作。

（3）“安全就是效益”是民航安全文化的价值反映。从本质上说，航空安全与经济效益之间存在相互依存、相互促进的辩证关系。“安全就是效益”，这个效益不仅包含社会效益，也包括经济效益，而它们又是互相转化、相得益彰的。航空安全是运输生产的前提，是航空运输企业最佳的促销广告，是对企业成本的直接节约，是经济效益的重要源泉。这种理念一方面反映了安全在整个行业和航空运输企业的价值定位，另一方面揭示了社会公众对航空运输方式的价值判断。这个理念强调，要正确处理好安全生产与效益、改革的关系，要在保证安全的前提下扩大生产、深化改革。要正确处理好安全这个“最大效益”与局部效益、个人利益的关系，将“最大效益”放在各种效益、各种利益的首位。

（4）法规、规章是民航安全文化的制度保障。经验和教训证明，法规、规章是安全生产的重要保障，是安全生产的基本要求。只要严格按照规章制度办事，安全就有了基本的保证。

（5）设施设备是民航安全文化的物质基础。对民航来说，由于航空运输企业始终是主体，所以强调设施设备归根结底就是要强调保证投入运行的航空器达到必需的技术标准。

（6）民航安全文化建设具有系统性。中国民航安全状况的历史事实印证了企业行为受企业目标支配。民航企业要创效益、求发展、保安全，这些目标都很重要，它们交织在一起，相互影响，相互制约，处理得好可以相互促进，处理得不好就会相互冲突。

（7）与时俱进是民航安全文化的时代特征。在安全文化的概念没有明确提出来之前，作为一种文化形态，它早就存在于民航这个行业。在民航高速发展的今天，民航局提出组织研究和大力推动行业安全文化建设，本身就是观念上的拓展和管理上的创新。当前，国际形势复杂多变，科学技术突飞猛进，我们在建设民航安全文化时，更要关注国际形势，跟踪管理科学的发展和科学技术的进步，与时俱进，开拓创新，不断丰富行业安全文化，营造安全生产的积极氛围。

十二、良好的安全文化有哪些特征？

一个良好的安全文化至少具有以下特征：

（1）从主要领导到一般群众，都要树立正确的安全观。每个人都把保证安全当作自己的庄严责任，充分认识到安全的重要性，始终保持高度的警惕性，正确处理安全与效益、安全与服务、安全与发展等的关系，能够防微杜渐，有正确的是非观。

（2）人人都能自觉遵守安全规章，严格执行标准操作程序，遵章守纪形成风气，成为习惯。

（3）在相互信任的基础上安全信息畅通无阻，能够及时发现安全隐患，预防措施能够得到及时有效的贯彻执行。

良好的安全文化能促使人们在理解的基础上，合理地使用设备，自觉地遵守规章。现代航空器再先进，也是综合各种矛盾要求的折中产物，只有在一定的条件下才能最优地发挥其性能；不同的条件应有不同的操作使用，盲目使用超出其使用限制则会变利为害，带来危险；再说设备不可能绝对可靠，出了故障还得靠人来处理。航空规章再详尽，也不可能包揽无遗，还得靠人审时度势，合理把握分寸，才能使规章得到有效的贯彻。发挥人的能动性，不是提倡标新立异——这在航空业是极其危险的；而是要求人在充分理解设备工作原理、领会规章精神实质的基础上，具体情况具体分析，达到最优地使用设备和最有效地贯彻规章，从而使航空安全建立在更加坚实的基础之上。

良好的安全文化能激发人的能动性，可促使人们千方百计地弥补设备和规章的不足。在设备、技术存在缺陷，规章、标准尚未覆盖的情况下，激发人的能动性，可以使人发挥出最大潜能，产生强有力的补充作用。这一点在发展中国家尤为突出。发展中国家通常技术底子薄，基础设备落后，规章制度不完善，许多时候要靠人积极想办法来弥补，才能构成一个安全运行的体系。同样处在我国这样一个发展中国家的基本条件之下，有的航空公司安全几十年，而有的航空公司经常发生问题，其根本差别就在于管理，在于调动人的积极性，在于思想作风，在于安全文化建设。

十三、中国民航安全文化有哪些主要先进理念？

随着研究的深入，航空界越来越重视安全文化的重要意义。近年来在国际航空界盛行的一些文化观念，对我们有很深的启发。

下面列出了中国民航在安全工作上总结的一套行之有效的经验，言简意赅，对倡导安全文化起到重要的作用。

（1）安全工作的方针：安全第一、预防为主。

（2）一严两抓："严"字当头，一抓改革开放，二抓质量效益。用三年或更多时间，实现民航持续、快速、健康发展的良性循环。

（3）领导干部的三到位：思想到位，精力到位，工作到位。

（4）三句话：安全第一，正常飞行，优质服务。

（5）工作作风（八个字）：团结、求实、创新、廉洁。

（6）安全工作三落实：安全工作必须落实到基层；安全工作必须落实到岗位；安全工作必须落实到人头。

（7）抓安全四个第一：安全第一；第一是安全；第一把手要以主要精力抓安全，主管领导要全力以赴抓安全；党委和行政会议第一位的议事日程是研究安全。

（8）发生问题四不放过：不查清原因不放过；不分清责任不放过；不采取措施不放过；不严肃处理不放过。

（9）抓安全坚持五个不动摇：贯彻“安全第一、预防为主”的方针不动摇；坚持“严”字当头，严格管理，严格规章制度不动摇；抓领导工作“三到位”不动摇；坚持落实行之有效的安全措施不动摇；对发生的问题坚持“四不放过”的处理原则不动摇。

（10）总局领导“六抓”指示：抓思想教育；抓领导到位；抓法制建设；抓培训提高；抓检查监督；抓考核奖惩。

（11）八该一反对：该复飞的复飞；该穿云的穿云；该返航的返航；该备降的备降；该等待的等待；该提醒的提醒；该动手的动手；该绕飞的绕飞；反对盲目蛮干。

（12）领导改进民航工作“十项措施”：统一认识，树立大民航观念；立足全局，确立大服务意识；“严”字当头，强化服务意识；深化改革，建立竞争机制；整顿市场，完善销售机制；面向群众，实行公开监督；狠抓培训，提高队伍素质；增加投入，采用先进设备；廉洁自律，狠抓不正之风；加强领导，实现良性循环。

（13）持续安全理念：树立“三个观念”，即持续安全观、系统安全观和过程安全观；落实“四个责任”，即企业的安全主体责任、政府部门的安全监管责任、领导者的安全领导责任和普通员工的安全岗位责任；切实建设好“四个体系”，即队伍体系、规章体系、理念体系、组织体系。

（14）三个底线：飞行安全；廉政安全；真情服务。

十四、安全第一的内涵是什么？

新中国自诞生之日起就十分重视生产安全。1957 年，周恩来总理在中国民航局给国务院的报告上批示：“保证安全第一，改善服务工作，争取飞行正常。”周总理基于辩证唯物主义的观点和方法用这三句话全面概括了民航的工作及其相互间的辩证关系。民航要在保证安全的前提下，争取正常和改善服务。提供正点优质的航班服务是中国民航的宗旨，但若不能保证安全，所有服务努力也就失去了意义。安全、正常、服务，三者是一个统一的整体，其中安全必须处于优先的地位。

自此，“安全第一”就成了中国民航的基本指导方针。这一方针对于中国民航的发展起到了巨大的作用。

（1）安全是人的基本需求。20 世纪中叶，美国著名行为学家 A. H. Maslow 提出了人的基本需求层级理论。按照 Maslow 的理论（见图 2），人的需求分为 5 个层次，呈金字塔形结构，从底端到顶端分别是：生理需要、安全需要、归属和爱的需要、尊重的需要和自我实现的需要。通常是首先满足低层次的需求，当低层级的需求得到满足后，高一层级的需求就会突出来，而且个人需求的发展与人的年龄有关，随着年龄的增长高层级需求的高峰会逐次呈现。马斯洛的理论有其合理性，这里我们特别关注的是，马斯洛把安全需求放在第二层级，属于人的最基本需求，而且一旦生理需要得到满足，安全需求就会凸显出来。现代心理学认定，安全是人的基本需求，而且随着小康社会的到来，安全将成为人们最基本的生存和发展条件要求。落实“安全第一”就是坚持“以人为本”，满足人的基本需求。

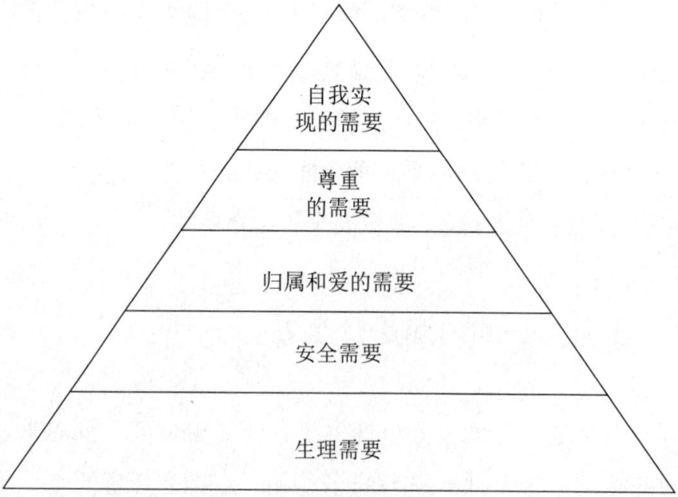

图 2　马斯洛需求层级理论

（2）事故带来惨重损失。现代生产系统控制的能量极其巨大，这些能量的合理流动形成了系统的生产能力，但是能量一旦失控就会造成巨大的破坏。事故带来的损失是多方面的，如人员伤亡、财产损失、环境破坏等。

航空业使用的飞机越来越大，一旦发生事故，世界震惊。1977 年 3 月在西班牙的度假小岛特内里费雷夫机场，荷航和泛美的两架 B747 飞机，在大雾、低云、能见度很低的情况下，在跑道上相撞，583 人遇难。曾经称雄世界的泛美航空公司，当时经营有些困难，在这次事故的冲击下，随即倒闭。航空公司的安全声誉是极为重要的，一旦发生事故，机票销售会长期低迷，泛美承受不了如此打击，这对任何航空公司来说都是严峻的考验。

新一代的客机 A380，可乘坐 600 人，有一种粗略估计事故影响的方法，认为一次事故对社会的冲击正比于死亡人数的平方，按此推算，A380 飞机一旦失事给社会带来的震撼力将是 B747 飞机的 4 倍。

所以，落实"安全第一"是企业生存的需要、社会发展的需要。而且，随着生产的发展落实"安全第一"的紧迫性越来越强烈。

（3）保证安全需要高度的警觉性和不懈的努力。上面从人、企业、社会需要的角度肯定了安全的优先地位。重要的事情，如果来得容易，人们也不必时常挂记。现代社会技术系统的安全正好相反，极为重要，又极难做到。事故"始于微萌"，必须"治于未乱"。人们必须时时、事事、处处保持高度的警惕性，防微杜渐，才有望把事故风险降到可接受的水平。造成这种情况的原因是多方面的。

现代生产系统不但包含的能量巨大，而且为了提高效能，获得高的效益，系统往往处在临界状态的边缘运行。系统对差错高度敏感，细小的偏差都有可能使系统越过临界状态，发生非线性的突变，甚至"灾难"。例如，现代高性能机翼前缘每平方厘米只要有一颗精盐大小的污染，最大升力系数就有可能降低 20% ~ 30%。这类系统的操作和维护需要高度的精细和小心，不能有半点马虎。

保证安全必须做到"防微杜渐"，要求十分艰苦细致的工作，要求敏锐的观察和不断的探索，留心每一个事态的发展，发现细小的隐患苗头，及时治理。这就要求人人都保持高度的警惕性，时时、事事、处处都优先想到安全问题，所以，落实"安全第一"是安全工作自身的需要。

对"安全第一"的认识是个价值观问题，组织若不能确立"安全第一"

的指导思想，安全工作也就失去了基本的动力。在确立“安全第一”的指导思想后，组织要切实做到如下各项，以保证“安全第一”的真正落实。

①将安全纳入组织目标，并确立其优先地位。组织应力争成为行业安全典范，推进业务工作同步推进安全管理，谋求发展首先考虑安全风险；只要实际可行就要把风险控制到最小，所有风险都要控制在行业公认的可接受范围内；对具有不可接受风险的事，除非有相应的补充措施才能把风险有效控制在可接受的范围内，否则坚决不做。

②安全是每个组织成员的首要责任。企业法人、各部门的“一把手”都是安全的第一责任人，对所管企业、部门的安全要负全责。每项工作都有人把安全关，每项安全工作都有专人负责。每个员工，不论在岗与否，不论是否为安全管理人员，不论是领导还是一般工作人员，不论是正式工还是临时工，都应把安全作为自己的职责。

“安全第一”当然不是“安全唯一”。系统安全思想谋求效益、发展与安全的统一，理想的情况是效益、发展与安全协调发展，相互促进。孤立抓安全工作，把安全优先绝对化，常会导致冲突，最终“安全第一”也难以落实。

十五、预防为主的内涵是什么？

“预防为主”是东方文化的传统思维模式，比“亡羊补牢”更具主动性。当然，“亡羊补牢”是另一个层次的防患于未然。坚持安全第一，最根本的途径就是立足于预防事故的发生，把可能导致事故发生的因素，消除在事故发生之前。

1991 年，英国曼彻斯特大学的 Reason 博士提出了航空事故序列模型，如图 3 所示。

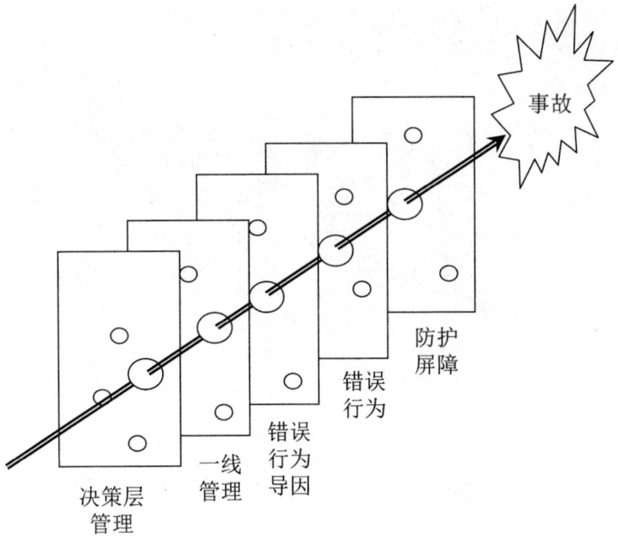

图 3 Reason 的航空事故序列模型

该模型形象地表达了从管理到航空事故的直接联系（事故原因可以追溯根源），事件因果链中的潜在失效（即图中的漏洞）贯通了，事故必然发生。在 Reason 模型的基础上，Chapelle 和 Wegmann 于 2000 年通过识别组织和个人的常见差错点，完成了飞行差错和差错预防图，如图 4 所示。图中，机组的“不安全行为”，包括技术差错、判断差错、感觉差错、违反程序和规章等；“不安全行为的先决条件”，包括非标准状况、不良的生理和心理状态、非正规和违章行为等；“不安全管理”，包括没有提供足够的指导、没有发现和纠正存在的问题、管理中违反规章等；“组织影响”，包括资源的配置、政策导向、企业文化和氛围等方面的影响。这一系统中的每一个层次都在事故预防中起重要作用，是贯穿整个系统的差错导致了事故的最终发生。通常人们最关注系统的最外层“不安全行为”，只不过这一层次的差错最为显著罢了。所以，预防差错必须仔细审查系统的每一个层次，要特别关注事故因果链中的潜在实效。Reason、Chapelle 和 Wegmann 等人的研究，为预防航空事故的发生提供了框架思路。

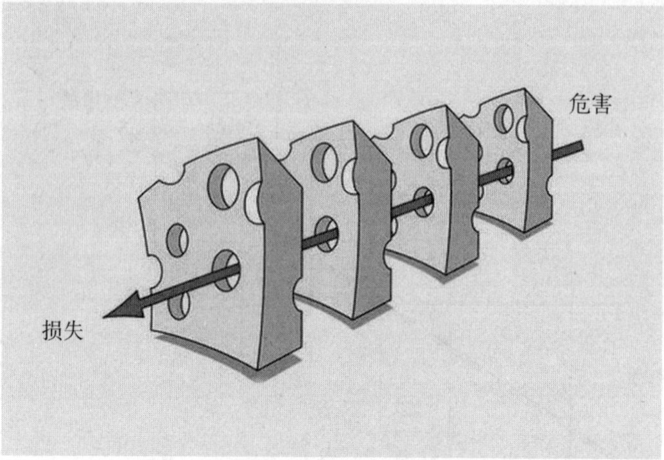

图 4 Chapelle 和 Wegmann 的飞行差错和差错预防图

《民用航空安全教育培训教材》根据 Reason 等人的研究，结合民航实际，归纳形成事故致因图解，如图 5 所示。从图中可以看出：消除了直接原因，事故就不会发生；消除了间接原因，就产生不了直接原因，事故也不会发生；如果消除了直接原因，间接原因仍然存在，还会再次产生直接原因，事故最终难以避免。因此，要防止事故的发生，首先要消除直接原因，但根本对策是防止间接原因的发生。而防止间接原因的产生，安全文化虽然不一定是最直接的安全保障，但是最持久的决定要素。例如，上述 Chapelle 等的图中，决策者的思想观念和经营理念决定资源如何配置，决定政策发展导向，决定企业文化的基调与特色，这就是组织影响诸因素中文化因素在起作用。美国的飞行安全基金会（FSF）制定的可控飞行撞地（CFIT）预防检查单，在作为 CFIT 风险降低因素的“公司文化”一节，对公司、管理层的检查项目是：安全高于进度；签署了飞行运行手册；保持集中化的安全职能；鼓励报告所有 CFIT 事件而不是采取处罚来威胁；鼓励与他人交流发生的危险情况；具有仪表飞行规则（IFR）新近性和机组资源管理（CRM）训练的标准；对于备降或复飞没有负面处理。这些项目同样涉及了安全文化中的本质问题。

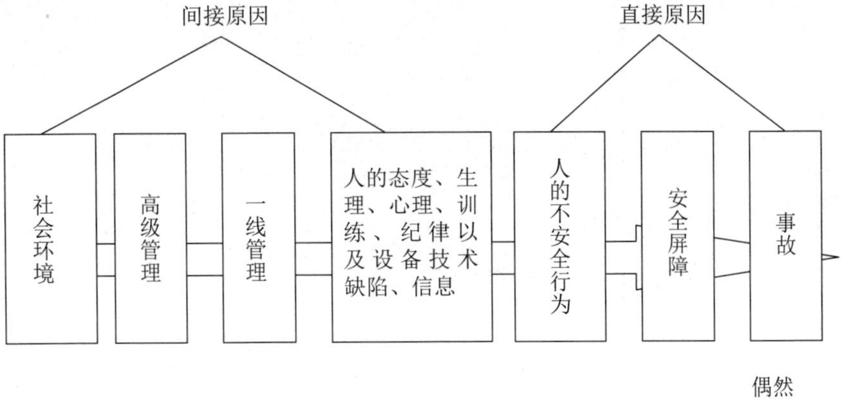

图 5 事故致因图解

十六、规范文化的内涵是什么?

现有规章、标准和程序，本质上都是在过去经验的基础上总结出来的。经验包括行业的直接经验，也包括大量的间接经验，如其他行业类似事物的经验。所以现有规范凝聚了历史的教训，有的甚至是血的教训。后人有了这些规范就不必再去冒险探索，避免了重蹈覆辙，严格按照规范去做，就能确保安全，省时省力。

现代生产的社会技术系统涉及大量技术规范，如对飞行员来说按照“标准操作程序”（SOP）操作就是极为重要的基本要求。设计者在制定标准操作程序时，考虑到了设备性能的优化，充分的冗裕度，还考虑到了人的操作方便。偏离标准操作程序会带来多种不利影响，有的还是潜在的，开始看不出来，但其影响最终却可能成为严重事件的诱因。飘摆事例生动地说明了这种可能性。

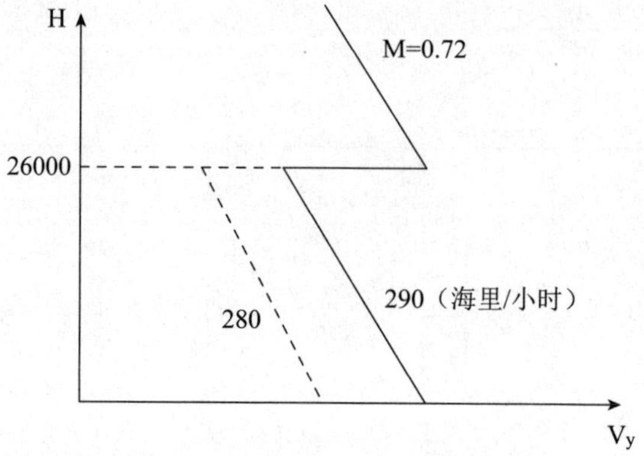

图 6　飞机上升速率随高度的变化

如图 6 所示为 MD82 飞机采用低速上升方案时，上升率的变化曲线，方案要求飞机先保持等表速（290 海里 / 小时）上升，到了转换高度再改为马赫数 0.72 上升。等表速上升随着高度增高，飞机的真空速增大，一部分发动机功率要用于飞机增速，增加动能；等马赫数上升，随着高度的增加，音速减小，真空速也减小，故飞机有一部分动能会转换为增加高度的势能，因此，在转换高度上升率有一个大的增量。按照这个标准操作程序驾驶飞机上升，上升性能如图 6 所示，整个高度范围内都有合理的上升性能，而且技术分析表明，各高度上升性能都接近最优。整个操作只需在转换高度处改变一下上升方式，操作也很简便。然而，在此次飞行中，飞行员偏离标准操作程序，起飞后采用表速 280 海里 / 小时上升，此时上升性能如图 6 中虚线所示。在低空由于上升率较大，偏离最优造成的影响并不大（按比例），但上升到接近转换高度时，上升率减小的比例很大，加上飞机重量重，气温也较高，各种影响加在一起使飞行员明显感到上升性能不足，由此诱发了一系列不当操作。先是用带杆减速的办法使飞机上升率出现短暂增加，勉强爬到巡航高度后巡航速度过小且不能维持，飞行员决定推杆下降高度但却忘了自动驾驶接通并处于“高度保持”模式。结果自动驾驶与飞行员操纵对抗，飞机迅速减速以致产生严重飘摆，下掉高度几千米，飞机差点摔了。分析表明，如果飞行员一开始就按照标准程序操作，后面的事情都可能不会发生。看似小的偏离，却有安危之别，真是“差之毫厘，失之千里”。

所以，严格规范，首先就是要遵守规章，遵守标准操作程序。这是航空人员最合理、最聪明的选择，也是最安全、最有力的保障。现代生产系统高度复杂、动态，处在临界边缘运行，对操作行为高度敏感，对于这样的系统仅凭个人或几个人的知识和经验，难以预知操作行为的后果和潜在影响，盲目性将带来极大的风险；而规章和标准操作程序基于经验和科学给出了一条风险最小，相对最优的明确途径，这就为生产安全建立了可靠的屏障。当然，严格遵守不是机械遵守。真正的严格，是要理解规范，自觉能动地按规范的要求做，达到规范的目的。“严”要严在效果上，而不是形式上。人人都自觉遵守规范，是组织具有良好规范文化的基本特征。

十七、团队文化的内涵是什么?

发扬团队精神就是要发挥团队的整体功能。相互配合好的团队，可以产生 1 +1>2 的效果，而配合不好的团队则有可能 1+1<1。好的个人不一定能组成好的团队，组织的行为包括生产安全，取决于团队，并且随着社会的发展，将越来越依赖于团队精神。以上观点已为经验所广泛证实。

一次在某机场拖一架 B747 飞机，当时机场正在修滑行道，有翻斗车卸料。有 3 个负有责任的人都清楚地看到飞机机翼正在接近竖起卸料的翻斗车，拖车驾驶员等驾驶舱里的机械员发出停止指令，而该机械员却想拖车驾驶员看见了翻斗车会自己停下来，而站在翻斗车旁的一名工作人员心想，信号已经发出，他们会停下来。就这样 3 个人相互依赖，眼睁睁地看着机翼碰到翻斗车而损坏。印度新德里飞机相撞事件，也因飞机驾驶舱里没有很好地分工配合，机长一个人在忙，副驾驶既没有帮着进行高度换算，也没有监控飞机的飞行高度及时提醒机长。粗略估算表明，有大约 2/3 的飞行事故是由于机组失误，而在机组失误事件中，大部分都可以发现机组在协调配合方面存在缺陷。

正是由于这种对团队作用的直觉，自 1976 年国际民航组织大会决议号召成员国重视人为因素以来，航空界很快就注意到了发挥团队整体功能的重要性。1979 年 NASA 首先提出了“驾驶舱资源管理”（Cockpit Resource Management）概念，次年泛美航空公司举办了 CRM 培训班，引起了极大的反响。很快 CRM 培训在全世界推广开来，并更名为“机组资源管理”（Crew Resource Management）。新的 CRM 倡导团队精神，主张通过优化机组成员之间的协调配合，最大限度地发挥团队整体功能。

CRM，或者说发扬团队精神，是当今民用航空用以确保安全的主要手段之一。正如日本航空公司总结的经验：保持 CRM 就是保持安全。

以飞行机组为例，好的 CRM 有如下特征：

（1）互补的搭配。机组成员在知识、技能、经验方面是互补的，人际关系是融洽的，组成的机组具有尽可能全面的整体能力，并且能有效地将这种整体能力发挥出来。

（2）及时的沟通。机组成员任何时候都彼此了解对方的疑虑、想法、意图和行动，现代驾驶舱里倡导“透明的驾驶舱”概念，强调“有事就说出来”，机组能切实做到。

（3）合理的分工。要尽可能均匀地分配工作负荷，还要充分考虑到各人的长处，特别是紧急情况下的分工，不但要有预案，还要有演练，以保持熟练状态。

（4）默契的配合。合理的分工本身要考虑到相互的配合，但分工不是分家，在情况变化时要灵机应变，主动调整，使得机组的整体表现达到最佳。

（5）交叉的把关。机组成员相互之间要交叉核查，保持高度警惕，注意发现他人的差错，要牢记“人是可能犯错误的”，不能有任何侥幸心理。

其中，以“沟通”最为关键。沟通是机组协调配合的前提，过去发生的许多 CRM 失效事件首先都是因为沟通不畅、不及时。特别是随着自动化水平的提高，沟通问题也越来越突出。过去机械操纵、人的操纵动作很大，不说其他人也看得出来；现在操纵是自动化的，驾驶员只需要一个小小的指头动作，就能引发大的操纵行为，这样的动作不但别人难以看出，有时自己也会忘记。所以现代驾驶舱强调“透明”，主张“有事就说出来”并制定了许多标准喊话。

十八、报告文化的内涵是什么?

航空业总结历史经验深刻认识到鼓励主动报告对于改善航空安全的重要意义。进入重视人为因素的时代以来，航空发达国家包括部分发展中国家相继建立了自愿报告系统，有的大航空公司也建立了自己的安全报告系统。这类系统中最为成功的有美国的ASRS（航空安全报告系统）和英国航空公司的BASIS（英国航空公司安全信息系统）。为了鼓励报告，这类系统都明确规定了减免处罚的政策界限。早先的系统是以鼓励个人报告为主，而最近美国实施的航空安全计划，则把航空公司也包括了进来，即使是违章只要航空公司在事发后10天内主动报告，并采取有效措施改正，FAA也可以免予处罚。

发达国家越来越倾向于鼓励主动报告还有更深层的意义，它意味着正在发生的规范管理思路的根本性变革。过去行之有效的国家规范的管理思路正面临着严峻的挑战，生产系统变得越来越复杂且变化快速，规章、标准、程序如此之多，即使是资源充足的富国也难以保证规范的及时更新和有效监督。因此，下放规范权力，放松中央统一管制，加强“自组织”“自规范”的调控，就成为一种必然的趋势。要变被动服从规范为主动争取达到高的安全水平。鼓励个人、企业主动报告，就是要增强员工的“主人翁”意识，培育主动关注安全、主动改进的风气。

所以，鼓励主动报告是改善生产安全的战略举措，浓厚的主动报告风气是未来生产组织必须具备的文化氛围。

这种报告文化氛围要求生产组织的所有员工把发现安全问题并及时报告当作自己的职责，认识到这是为改善航空安全作贡献，而为改善航空安全作贡献是光荣的，是自己作为一名航空人员人生价值的体现。

对组织的管理层而言，要制定并坚决实施明确的减免政策，认真保守报告者个人信息的秘密，要使报告者没有任何顾虑，清楚地知道哪些情况可减免处罚，哪些情况不可以。不会因处罚了不可减免的人为差错而引起大家误解，对可减免的情况也不敢报告了。要对报告的信息及时作出反馈，使报告者知道有人重视他的报告。要充分利用报告的信息改进安全工作，使报告者看到自己的报告的确对改善航空安全起了作用。例如，NASA 不但为 ASRS 报告建立了数据库供人查询，而且整理报告材料编辑出版了丛书“控制飞行差错”，影响深远。英航的 BASIS，把“航空安全报告”（ASR）以及“英国航空公司保密人为因素报告”等多种报告组合在一起，并且在统一的框架下进行分析，从而得出有价值的趋势性结论，指导实际的安全工作。

在培育报告文化的过程中管理层起主导作用。如果管理层政策不落实，摇摆不定，工作不到位，员工报告起来或者有顾虑，或者觉得上面不重视，报告了也不起作用，于是报告的积极性也就会消退。

十九、以人为本的内涵是什么?

以人为本作为一种管理理念，无论文化差异有多大，都已经成为一种共识。以人为本的核心是尊重人、激发人的热情，其着眼点在于满足人的合理需求，从而进一步调动人的积极性。在民航安全文化建设中，坚持以人为本，要努力实践其共性内涵。

人是万物之灵。世间一切事物中，人的生命最为宝贵。“仁者爱人”是儒家精神的一个核心理念。安全事故是生命不能承受之痛。试问还有什么比珍惜、关爱生命更能体现以人为本的本质？中国民航协会多年开展“旅客话民航活动”，通过调查得知，广大国内旅客对民航服务最为关心的问题依次是：安全、正点、信息准确、及时、航班延误时服务到位等。航空安全无论对机组还是旅客，都是“人命关天”的大事。在民航，以人为本要以珍惜自己、珍惜他人生命为基点、为核心，逐步向情感、民主、自主、人才和文化等管理层次拓展，充分体现现代社会文明发展要求，体现行业高度的社会责任感。

民航是一个发展的行业，员工对行业有憧憬和期盼。民航中特殊专业的准入门槛很高，工作报酬也很高。对大多数员工来说，工作已经不仅仅被视为是养家糊口的谋生手段。坚持以人为本，在文化层面上，要充分认识员工的觉悟程度，尊重员工的敬业、创造精神，而不是把他们放在需要时时鞭策的低层次上。要注重加强人才管理，为员工创造学习和发展的环境和机会，做到人尽其才，才尽其用。人力资源开发利用越高、越进步，其他一切资源的开发和利用也就越充分、越进步。要加强文化管理，通过文化培育、管理文化模式的推进，使员工形成共同的安全价值观和行为规范。这是最高层次的以人为本。

二十、学习文化的内涵是什么？

浓厚的学习风气是现代生产组织安全文化不可或缺的重要组成部分，已经发生的事故是最好的学习资源。人不可事事凭直接经验，尤其是承担不起经历事故的“经验”。所以，明智的组织、聪明的航空人员把别人的事故看作是自己的教训。他们会把事故资料拿来认真分析，对比检查，从中汲取经验，指导自己今后的行动。

现代生产的社会技术系统自动化程度越来越高，一线操作人员逐渐变成系统的“管理者”。管理系统就必须了解系统，尤其是高度复杂动态的系统，联系错综复杂，情况千变万化，不知道系统在各种特定情况下的工作特性，就有可能失去对系统的控制，导致难以预知的后果。所以，学习并掌握生产系统的知识就成了对新一代生产人员的必然要求。知识不足带来的教训是惨痛的。华航的副驾驶如果了解自动驾驶的工作原理和特性，知道如何取消不正确的指令，就不会在给出了错误指令的情况下接通自动驾驶，也就不会有名古屋的事故。中国民航最惨重的飞行事故，“6·6”空难，机务人员误把图154飞机的两个阻尼器的插头接错，航向信息接入了横滚阻尼器，横滚信息接入了航向阻尼器，由于信息混乱，飞机起飞后很快就进入“飘摆”。其实只要把所有阻尼器的电门关断，飞机就可以控制。阻尼器的作用是改善飞机的动稳定性，改善操纵品质，把阻尼器关掉后飞机虽然飞行品质不大好，但在飞行范围内仍有飞行能力。此前哈萨克斯坦发生过同样的接错事件，飞行员关断所有阻尼器平安落地。中国民航没有收集到这条有用信息，从飞行到地面机务也都不了解飞机阻尼器的上述工作特性，不敢关断电门，结果飞机“飘摆”飞行10多分钟，上升到3000米高度，空中解体，164人遇难。一个简单的关电门动作即可转危为安，但是由于不懂系统工作原理终究没有能够挽救164人的生命。

学习的范围除了实践的经验教训和技术知识，还有一个往常被忽视的重要方面，那就是管理知识。由于社会技术系统向复杂大系统方向的快速发展，旧的管理模式已经不能适应新的形势，这就促进了管理科学的快速发展。新的管理理念和充分利用数字网络技术的科学管理方法不断涌现。只有不断汲取新的管理知识、转变观念、创新方法，才有望跟上形势的发展，保持对系统的有效管理和控制。

由于现代生产系统的高度综合化，每个人要学习的知识都是多方面的。SHEL模型说明，人要处理好与软件、硬件、其他人和环境的关系，因而要学习的知识不仅是技术方面的，还有人文社会方面的。现代知识像汪洋大海，不但多，而且快速更新。当然获取并更新知识，组织培训是一条重要途径，重视知识的组织要舍得投入、积极组织，但光靠培训显然是远远不够的，最灵活、高效而且成本低廉的途径是倡导自学的自培训风气。

为此，管理层应当做好三件事：

（1）倡导学习风气。在现代信息技术方便提供知识的条件下培育员工浓厚的学习热情，宣讲学习的重要意义，实施激励机制，表彰学有所获、能利用所学知识解决实际问题的人。然而，更重要的是组织要重视知识、重视人才，重用有真才实学、刻苦钻研的人，而且这一人才政策要持之以恒，成为人人皆知的惯例，使人们看到努力学习是自己职业生涯发展的途径。

（2）指导学习方向。知识太多，盲目学习必然效率低下。组织可以结合自己的实际需要编发学习指南、大纲。遇到重大问题，特别是涉及转变观念的深层次问题，组织专题讲座、专题研讨，以起到引导作用。组织还可以通过检查、考核等方式来调控人们的学习内容。

（3）创造学习条件。组织要提供学习场地，计算辅助教学软、硬件和通畅的宽带网络。组织可通过提出要求，如要求机组飞行后讲评，利用飞行数据研讨自己的飞行得失；建立制度，如换季学习制度，为员工学习创造制度环境，使学习合法化。最为关键的是管理层应当努力疏通信息渠道，提供现行有用且易于获取的学习材料。

二十一、公正文化的内涵是什么?

近年，培育“Just Culture”（公正文化）的呼声在世界航空界越来越高涨。20世纪末，Reason针对当时在事件处理问题上的思想混乱状态，提出了“Just Culture”概念。为了及早预防事故，发现细微隐患，特别是人为差错，希望一线人员主动报告，然而纪律和惩处使得人们有顾虑。为了打消顾虑，鼓励报告，Reason提出了诸如“无惩罚”“减免惩处”等许多措施，这反过来又使人们对过去严格执法的做法产生了疑问。到底还要不要惩罚，人们莫衷一是。“Just Culture”概念，既不是一律严惩，也不是一律不惩罚，而是要在正确、正义、合理的基础上划定明确的界限，区分惩处的度，并且公平、公正地实施。

深入理解，“公正文化”有两层含义：

第一层含义涉及“公正文化”的内涵。英文“Just”指正确的、正义的，即有事实基本理论根据，符合道德观念。对于组织安全来说，这种正确、正义的文化，就是前面讲过的“安全第一”文化、规范文化、团队文化、报告文化和学习文化。所以，培育“公正文化”也就是全面建设安全文化，培育员工的正义感，树立组织正气。

第二层含义涉及培育“公正文化”的途径。“Just”有公平、公正的意思。按照Reason的建议，培育公正文化的过程也就是组织坚持公平、公正处理所发生的不安全事件的过程。要做到公平、公正，关键是要有一个稳定的、合情合理的是非标准，分清哪些应当处罚，哪些不该处罚；哪些应当从重处罚，哪些应该从轻处罚；哪些是个人责任，哪些是由于系统有缺陷。

两个层面相结合，大力宣教安全文化，倡导正义；是非分明，处置公道，长期坚持下去就会形成浓厚的“公正文化”氛围，组织也就有了良好的安全文化基础。

建设好“公正文化”需要加强几方面的工作：修改支持不安全事件报告的法律框架；研究鼓励报告的政策和程序；明确实施和维持“Just Culture”报告系统人员的任务和职责；把反馈信息清楚、准确、迅速地反馈给报告人；做好调查和经验的推广工作；做好新系统的宣传工作等。

二十二、创新文化的内涵是什么?

长期以来，航空业盛行“符合型”文化，人们以“符合”当局制定的规章为目标；现在则强调以达到行业最好的安全水平为目标，倡导“主动型”文化。符合现有的合理规范是达到安全目标的一条捷径，而在没有现成可用的规范可遵循，或现行规范不明确、不适用时，则要主动总结经验，积极探索安全途径。也就是说，现在倡导的不是被动“符合”，而是通过动态规范去争取更高的安全水平。过去强调航空人员的个人素质和能力，现在则重在团队的整体效能。当然，个人素质和能力是基础，但新的CRM文化增加了许多新的内涵，如协调配合、适当的权威梯度等。特别是由于沟通的重要性，产生了“透明的驾驶舱”概念。过去强调技能，今天则越来越显现出学习知识的重要性。“新一代”航空系统将放松集中管制，如“空中交通管制”将变为“空中交通管理”。机组有更大的飞行自主决策权，更需要相应的新文化来调控，使整个航行系统高度协调有序地组织起来。无序的系统必然混乱，系统不但效率低下，安全也会受到严重冲击。热力学第二定律是自然界的普遍规律，任何系统都有由有序向无序方向变化的自发趋势，因此，新的航空系统需要强有力的序参数来约束其组成要素的行为，与新的技术系统和人的社会背景及组织结构相应的新的文化将成为这种强有力的序参数。所以，创新安全文化并不是可有可无的“锦上添花”，而是生产发展的自然要求，随着系统向高度复杂动态方向发展，这种要求将越来越迫切。

创新并不是高不可攀的。事实上，任何创新都是原有事物的重新组合，创新安全文化有如下几个步骤：

（1）剖析现有的影响安全的各种文化要素。

（2）结合生产系统的状况、行业特征、组织结构和要求、国家的实际情况和文化背景等重新组合这些文化要素，使之自身相互补充，相辅相成，与生产要求相符合，与各种环境因素良性互动，成为系统协同发展的有力纽带。

（3）在实践中检验并不断总结经验，不断改进，特别是把新的要素再组合进来，使得创新过程持续推进。

二十三、开展安全文化测评的目的是什么？

决定安全飞行的因素很复杂，包括天气、操作、维护等，但据统计资料显示，在所有事故中，多数是人为原因，而且几乎每次事故的发生，都不是单一因素引起的，都要牵涉一连串的人、一连串的环节。由此能够得出一个结论：影响现代航空安全的决定因素归根结底还是人的因素。然而，从深层次看，人的行为受其文化背景的深刻影响，只有推进安全文化建设，提高全行业从业人员的安全素质，从安全文化的角度来全面审视安全管理和教育工作，才能最终解决问题。因此，把文化引入航空安全，把航空安全工作提高到文化的高度予以认识，把安全文化作为航空企业特色文化，对于改善航空安全、提升中国航空企业核心竞争力都具有极为重要的意义。

在任何一项系统中，当人们与科技紧密结合时，疏失或过失可被视为整个系统中的组成分子（特别是在航空业），由于犯错是不可被消除的，必须采取有效的处置来减少它对飞行安全所造成的影响。通过分析过去的意外事故案例发现，意外事故发生不只是由于人为失误、设备缺失或人员不遵守作业安全程序等所造成，追究错误形成的最初原因，皆在于组织中有不健全的安全管理系统或行政管理上的缺失所造成。因此，美国飞安基金会（Flight Safety Foundation，FSF）与安全专家也都同意，为了使航空公司能够精确地了解与掌握公司的安全状况，一个专业且运作良好的安全部门与建立一个“健康”的组织安全文化评估体系是绝对必要的。

总之，建立航空安全文化评估体系及评估系统，一方面可以从文化的视角明确企业自身的安全文化优势和劣势，揭示航空安全管理不善的内在原因，探寻和创新安全教育与培训的方向；另一方面可以指导人们创建现代安全运行机制和约束机制，提高人们的安全意识和安全运行工作责任感。

二十四、航空安全文化测评的对象是什么？

近年来，对于航空安全问题的关注已经从人为失误的个体因素转移到安全文化的组织层面，这对航空安全管理水平的提高和飞行事故的预防提供了一个新的视角。然而，航空安全文化的概念至今仍然没有形成一个完备的内容体系，目前研究者大多站在自己的立场，围绕组织的安全态度和核心价值观来描述航空安全文化。事实上，航空安全文化作为组织和个体的态度、情感、价值观及行为方式的混合体，是职业文化、组织文化和民族文化相互作用的产物，它不仅包括意识层面的安全氛围，而且还包括了行为层面的安全操作技能以及组织层面的安全管理系统，单纯的态度和价值观念很难对其进行系统、准确地反映。

因此，航空安全文化评估的对象为：航空组织及其成员关于安全所特有的共同特征的集合，通过内在的信仰、价值观以及外在的规范、仪式、标志和行为体现出来。

二十五、安全文化测评的方式有哪些？

要想真正建设好企业的安全文化，并不断将其推动和发展，就不能仅停留在对安全文化理念的空洞宣教上，也不能仅着眼于局部的、个别的文化形式，企业安全文化建设应该是一个系统工程，而且，航空组织的安全文化水平一定程度上表征着该组织安全管理效能。开展企业组织的安全文化状况分析和评估是企业安全文化建设的一个十分重要的环节，是企业安全文化得以发展的基础，是制定安全文化发展战略的重要依据。

根据民航企业的行业特点，可以采用定期评估和针对性评估两种评估方式。制定安全文化发展战略一般采取定期评估的方式，针对性评估可以成为企业安全文化发展的重要监测手段。

（1）安全文化的定期评估。是指企业自提出或颁布企业安全文化后每隔一段时间对企业安全文化进行评估。时间间隔的长短可以由企业自己决定，一般以一年比较合适。定期评估是对企业安全文化进行一次全面的评估，评估应当涉及企业安全文化的各个方面，重点是企业安全文化理念的有效性及贯彻执行情况，企业安全行为文化适用性及情况，企业安全制度文化规范性和落实情况，企业安全物态文化的建设情况。

定期评估的方式包括以下三点：

①看。看安全生产设施是否符合安全生产的标准和规定；看安全生产现场是否具有安全文化氛围；看员工的安全生产积极性是否被充分调动。

②问。可以采取如开座谈会与访问企业员工的方式，也可以用问卷的形式，了解企业员工是否掌握了本企业的安全文化理念。

③查。查企业安全生产管理制度是否满足企业安全文化理念；查企业安全文化理念是否得到有效的贯彻执行；查企业员工的安全生产行为是否满足企业安全行为文化准则；查企业的安全物质文化是否具有安全文化的外部表现。

定期评估的内容包括以下六点：

①企业安全文化核心理念，即安全生产方针评估。通过检查企业的安全生产工作计划，在安全生产上投入的人、财、物资源，领导对安全生产的重视程度，安全生产在员工中的地位，查企业是否建立了预防生产事故的预防体系并有效运行，看“安全第一、预防为主”的安全生产方针是否在企业得到有效的贯彻落实。

②企业安全生产管理性理念评估。查企业员工对企业安全生产管理的满意程度，查企业安全管理理念是否满足企业自身安全生产的要求，安全文化管理理念是否被大多数职工接受，是否在管理中体现了这些理念，并得到有效的实施。

③企业安全生产体制性理念评估。查企业在安全生产制度设计和安全制度的贯彻执行过程中是否体现了安全生产体制性理念。看企业的体制是否有

利于调动员工的安全生产工作积极性。

④企业行为性安全文化评估。查决策层、管理层、作业层的工作方式，看企业在安全生产决策中决策行为是否科学化，在安全生产管理过程中管理行为是否制度化，在安全生产实施过程中现场作业是否标准化，在安全生产教育培训中内容方式是否多样化。

⑤企业安全物质文化评估。看是否有完备的各项安全生产设施，是否营造了安全生产氛围，是否树立了良好的安全生产形象，是否建设了舒适的安全生产环境。

⑥企业安全文化绩效评估。看企业文化是否深入人心，是否绝大多数员工都接受了安全文化理念，是否能够有效地调动员工的工作积极性，使员工逐步从要我安全变为我要安全。主要是查企业的生产事故是否得到有效控制并逐年减少，实施企业安全文化绩效是否逐年提高。

定期评估的程序包括以下四点：

①成立企业安全文化评估小组。企业安全文化评估小组应由具有安全生产经验和专门的安全生产管理及安全文化知识的高层管理人员或专家组成。

评估小组的职责是：对企业安全文化进行评估，检查上次评估发现的问题及改进措施是否得到有效落实，将评估过程中发现的问题与改进措施形成文件，提交企业安全文化评估报告。

②制定企业安全文化评估方案。在制定企业安全文化评估方案时应明确评估内容、评估小组人员分工、评估的时间安排和评估单位的具体检查对象。

③企业安全文化评估。通过查询文件、实地调查、问卷调查、访谈、观察等多种方式实施安全文化评估。

④提交企业安全文化评估报告。企业安全文化评估报告是评估小组评估企业安全文化建设工作的成果，在评估报告中一定要客观真实地反映企业安全文化的实际情况，供企业领导决策企业安全文化参考。

（2）安全文化的针对性评估。针对性评估是指企业发生生产事故后，针对发生事故的原因，对企业安全文化进行评估，找出事故深层次的原因，即企业安全文化的不足，或者说需要完善的地方。企业安全文化针对性评估是在发生事故直接原因及其事故责任已经确定后，再对发生事故原因进行深层次的分析，为企业制定安全管理规章制度提供价值理念依据，为企业调整安全生产管理做理念准备。因此，这类安全文化评估，针对性强，但是范围狭窄，评估程序简单，评估速度快，评估投入低。

二十六、企业安全文化测评的方法有哪些?

企业安全文化涉及企业的人、物、环境的各个方面，与企业的理念、价值观、氛围、行为模式等深层次的人文内容密切相关，客观地分析和评估一个组织机构的安全文化水平是很困难的。为了更客观地对企业安全文化的状况进行评估，初步提出两种评估方法供企业参考，企业可以根据偏好进行选择。

（1）因素分值等级法。

首先应该确定评估的因素集合，然后给出各因素的评估等级，再对照企业的现状，给出企业安全文化当前所处的状态或发展阶段。

1）评估因素。对企业安全文化进行评估首先要确定从哪些方面进行衡量，每一个衡量的方面可看成一个因素（指标），一个因素应代表安全文化的一个特征。目前，对安全文化进行衡量的因素究竟应该有哪些，还没有定论。国外的一些文献提出过 2 到 19 个不等的因素。Wegemann 等人在分析安全文化评估方法的基础上，总结出安全文化至少有 5 个评估因素：领导的承诺、管理层的参与、员工的授权、奖惩制度和报告系统。这 5 个评估因素基本合理，但考虑到目前民航 SMS 的建设推进情况，还应有“公正文化”“学习文化”等重要因素。

①领导的承诺。领导的承诺就是企业组织的高层管理者对安全所表明的态度。这种承诺能反映出高层管理者始终积极地向更高的安全目标前进的态度，以及有效激发全体员工持续改善安全的能力。只有高层管理者作出安全承诺，才会提供足够的资源并支持安全活动的开展和实施。

②管理层的参与。管理层的参与是指高层和中层管理者亲自积极参与组织内部的关键性安全活动。高层和中层管理者通过每时每刻参加安全的运作，

与一般员工交流注重安全的理念，表明自己对安全重视的态度，这将会在很大程度上促使员工自觉遵守安全操作规程。

③员工的授权。员工的授权是指组织有一个“良好的”授权予员工的安全文化，并且确信员工十分明确自己在改进安全方面所起的关键作用。授权的文化可以带来员工不断增加的改变现状的积极性，这种积极性可能超出了个人职责的要求，但是为了确保组织的安全而主动承担责任。

④奖惩制度。一个组织的安全文化的重要组成部分，是其内部所建立的一种行为准则，在这个准则之下，安全和不安全行为均被评估，并且按照评估结果给予公平一致的奖励或惩罚。因此，一个组织用于强化安全行为、抑制或改正不安全行为的奖惩系统，可以反映出该组织安全文化的情况。

⑤报告系统。报告系统是指组织内部所建立的、能够有效地对安全管理上存在的薄弱环节在事故发生之前就被识别并由员工向管理者报告的系统。一个真正的安全文化要建立在“报告文化”的基础之上，有效的报告系统是安全文化的中流砥柱。一个良好的“报告文化”的重要性体现在：对安全问题可以自愿地、不受约束地向上级报告，可促使员工在日常的工作中对安全问题的关注。

下面是民航界成功报告系统中的特征。

- 报告不要有识别标准。这种特征的实现取决于单位的企业文化。一些人喜欢完全匿名，有一些单位满足于保密，其中的报告者只有少数人知道。
- 保护。成功策划的单位通常都由一个高级管理人员发表声明保证对任何报告者都可以获得关于违反规定程序减少部分的免罚。这通常要求报告在事故发生后的某个特定时间内作出。有些行为确实是该罚的，大多成功报告系统的经验表明，这种局限性的保证足够可以引出大量诚实的差错报告。
- 职责的分开。成功的策划将收集和分析报告的部门与有权实施惩罚活动的部门分开。
- 反馈。成功的策划能意识到如果员工感觉到他们正在被带入一个组织黑洞中，报告很快就会干涸。对报告团体迅速的、实用的、可达到的、可理解的反馈是必需的。这通常通过公布出现问题的概要报告和已经应用的相对应的措施来实现。一些大的单位，像NASA，也通过维护一个使研究人员和分析人员合法使用的数据库来实现。

■ 报告简单易行。经验表明，报告者喜欢开放和较少约束的报告形式。

⑥公正文化。航空安全信息报告中传统的“惩罚文化”和“不责备文化”都有一定的局限性。“惩罚文化”由于要给予犯错的当事人相应的惩罚，有些当事人考虑到报告后的后果，为逃避惩罚而不愿报告，埋下了安全隐患。一味地强调“不责备文化”，把“不责备文化”绝对化也是不可取的。显然，它模糊了该受惩处的不安全行为和不该受惩处的不安全行为的界限，没有把两者区分开来。因此，需要营造一种信任氛围，鼓励人们积极参与、真实地报告航空安全信息，并且在这种氛围下，人们很清楚可接受行为和不可接受行为之间的界限，这就是国际上称为“公正文化”的概念。

建设好“公正文化”需要重点做好两方面工作：明确不安全行为和不该受惩处的不安全行为的界限；实施“替代试验”，选择的替代者应当是同领域的且具有类似经验和资质的人，通过“替代试验”，分辨不安全行为是人们通常都会这样做还是只有当事人这样做。

⑦学习文化。浓厚的学习风气是现代生产组织安全文化不可或缺的重要组成部分，已经发生的事故是最好的学习资源。人不可事事凭直接经验，尤其是承担不起经历事故的“经验”。所以，明智的组织、聪明的航空人员把别人的事故看作是自己的教训。他们会把事故资料拿来认真分析，对比检查，从中汲取经验，指导自己今后的行动。

MIT斯隆管理学院的John Carroll对一个关于大量高危险组织如何从经验中学习，特别是对事件调查团队的工作学习进行了研究。低阶段的组织学习，主要基于专门工作小组的技能和经验。在对比性能标准后，行为需要调整，但潜在的假设不会受到挑战。学习上则会局限于拒绝任何广泛的系统问题以及有限的专家意见。高阶段的组织学习，主要基于组织假设条件要接受考查，对于操作危险破坏系统的方式从根本上加以重视，并且把更多的资源投入到这种学习过程中。

2）评估方法。有了上述关于安全文化的表征因素，还必须根据这些因素建立具体的评估方法。一种较为简便的方法是：可以对每一个因素划分出等级并赋予一个分值，将企业安全文化的状况按各因素等级进行对照，确定相应的分值，最后相加各分值得到总分，即为企业安全文化状况评估结果。

评估因素的等级划分与分值如下：

为简化起见，每一种因素只划分3个等级并赋予相应的分值，如表2所示。

表2　评估因素的等级划分与分值

评估因素等级	1级分值：1分	2级分值：3分	3级分值：5分
领导的承诺	没有或基本没有	有但落实不力	有且实施得力
管理层参与	既无安全专职管理，也无管理人员关心安全	有专职人员，但无地位，其他管理人员不主动关心安全	全体管理人员主动与员工共同关心安全
员工的授权	员工认为安全与己无关	员工想安全，但责任不明确	员工主动承担安全责任，以遵章为荣
奖惩系统	无安全奖惩制度，管理随意	有制度，但员工不了解，执行不力或标准不固定、不公平	有制度，且员工了解，执行得力或标准固定、公平
报告系统	无员工报告和反馈机制，员工主动报告无人受理	有制度和措施，但管理不得力，上下执行有阻塞	有制度，员工了解，积极上报隐患，上级反馈及时，员工不遭报复
公正文化	无不安全行为和不该受惩处的不安全行为的界限；未实施“替代试验”	有不安全行为和不该受惩处的不安全行为的界限，但多数不安全行为不减免；实施“替代试验”，处罚时对试验结果考虑较少	有不安全行为和不该受惩处的不安全行为的界限，多数不安全行为减免；实施“替代试验”，处罚时对试验结果予以考虑
学习文化	组织学习基于专门工作小组的技能和经验	组织学习阶段处于过渡的开放阶段	组织学习基于组织假设条件接受考查

企业安全文化的级别划分如下：

在使用表 2 对企业的安全文化进行评估时，可以取两个等级的中间值。根据企业得分情况，可以将企业的安全文化水平划分为 5 个级别，如表 3 所示。

表 3　企业安全文化级别划分

总分	安全文化级别	说明
>60	5	最高级，安全文化应该保持
45~60	4	较高级，安全文化还能改善
32~44	3	中等级，安全文化需要发展
16~31	2	较低级，安全文化需要建设
≤ 15	1	最低级，安全文化亟待提高

有了这种评估体系，可以使企业对自身的安全文化状况有明确的认识，从而制定合理可行的发展目标。

（2）数学模型法。

1）刻画维度。不同行业安全文化的刻画维度都不尽相同，权重也不一样。固然，航空安全文化的表层和里层中的众多内容均是无形的，但无形的特性会自然地导出有形的表现，而这些具体的表现就可用来检验那些内在隐含的东西，成为衡量航空安全文化水平的维度。航空安全文化的刻画维度主要有：

①安全物态文化方面。各项安全生产设施的完备情况；安全生产环境的达标程度（风险知觉水平）；各种安全生产形象和安全标识的规范化程度；配置各种生产设备的安全科学性。

②安全制度文化方面。有关安全保障的立法程度，即各项安全政策、安全规则、程序及安全保障机制的完备性和可操作性；安全监察体系的全面性和合理性；相配套的绩效管理、价值分配等体系的完备程度；安全文化建设考核监督机制的有效性。

③安全行为文化方面。各种安全培训的针对性和实效性；组织对冲突的宽容度，指鼓励员工自由讨论、争论及公开批评的程度；组织决策及管理层对

安全工作的承诺和实施程度；个人德行、安全记录、效能贡献对晋升的潜在影响规则。

④安全观念文化方面。组织决策及管理层对安全管理的重视程度；组织决策及管理层平衡安全与效益的态度；员工对安全的统一认识程度，包括一线与非一线作业人员对安全认识的差异；员工对企业安全文化管理理念的接受程度；组织是否清晰界定了不安全行为和不该受惩处的不安全行为的界限，多数不安全行为是否能获得减免；界定责任时，是否有效实施了“替代试验”；组织是否更关心不安全行为的组织影响，并把更多的资源投入到这种学习过程中。

2）评价方法。基于以上刻画维度，利用模糊数学评价模型，首先建立评价维度集和评价结果评语集，并进行模糊映射，将定性结论模糊化；其次根据各评价维度的相对重要程度，确定各维度以及评价要素对应的权重分配，因此，确定了安全文化水平综合评价指标集的隶属度矩阵，于是实现了安全文化水平的定量评价。

二十七、企业安全文化现状调查问卷应如何设计？

下面给出一个企业安全文化现状调查问卷样例：

尊敬的各位同事：

您好！为了了解本公司安全文化建设等方面的情况，分析企业安全文化的认知认同度，为“十三五”公司安全文化发展规划制定提供依据，特在公司内部进行一次不记名的问卷式调查。您所提供的信息将作为我们下一步工作的重要依据，因此，请您客观、真实地填写这份问卷。

非常感谢您对我们工作的大力支持！

一、个人基本资料（不涉及隐私）

1. 您的性别：（　　）

A. 男　　　　B. 女

2. 您的教育程度：（　　）

A. 大专以下　B. 大专　C. 本科

D. 硕士　E. 博士

3. 您所在的部门：

4. 您的年龄：(　　)

A.20~29 岁　B.30~39 岁

C.40~49 岁　D.50~59 岁

5. 您在本公司的工作年限：(　　)

A.5 年以下　B.5~10 年

C.10~15 年　D.15 年以上

6. 您参加过哪些方面的培训（多选题）：(　　)

A. 新员工培训（公司历史 / 规章制度等）

B. 岗位专业技术培训

C. 管理技能培训

D. 具体工作中所需特殊技能培训

E. 其他

F. 从未参加过任何培训

二、问卷调查内容

1. 您所在单位的企业安全文化管理工作由哪个部门主抓（　　）

A. 综合部　B. 人力资源部　C. 党群部

D. 工会　E. 其他（请具体说明）

2. 您所在单位是否提出了清晰明确的安全理念（　　）

A. 有，很明确

B. 没有

C. 不清楚

3. 您所在单位是否开展了全面的企业安全文化宣贯活动（　　）

A. 是　B. 否（选择否，请直接回答第 5 题）

4. 宣贯总的效果如何（　　）

A. 很好　B. 好　C. 一般

D.不太好　　E.很差

5.根据您个人的感觉，单位领导是否重视企业安全文化建设工作（　　）

A.十分重视　　B.重视　　C.说不准

D.不太重视　　E.很不重视

6.企业安全文化的重要性在公司里是否得到大多数人的认可（　　）

A.完全认可　　B.基本认可　　C.说不准

D.不太认可　　E.根本不认可

7.员工对于公司安全理念是否达成广泛的共识（　　）

A.完全认可　　B.基本认可　　C.说不准

D.不太认可　　E.根本不认可

8.企业领导层在讲话中提及有关企业安全文化建设工作方面的情况（　　）

A.经常提及，很丰富

B.专题发表过见解

C.有时提及

D.很少，几乎没有提及

9.分管企业安全文化工作的企业领导的地位以及企业安全文化执行机构的地位（　　）

A.由党政正职领导，主抓部门协调力强

B.由党政副职领导，主抓部门有力

C.由企业中层负责，部门协调能力一般

D.由一般管理人员负责

10.您认为领导者和管理者对他们所倡导的一切是否做到身体力行（　　）

A.完全做到　　B.基本做到　　C.说不准

D.做的不太好　　E.根本做不到

11.您认为公司的安全生产责任制是否明确并落实到位（　　）

A.明确并落实到位

B. 基本明确但落实不到位

C. 责任不太明确

D. 责任不明确

E. 说不准

12. 您认为公司的各项规章制度是否符合公司安全文化的方针理念（　　）

A. 符合　　B. 较符合　　C. 一般符合

D. 有欠缺　　E. 不太符合

13. 您认为公司的各项规章制度是否全面并具有可操作性（　　）

A. 全面，可操作性强

B. 全面，但可操作性差

C. 可操作性强，但不全面

D. 不全面，可操作性差

E. 不清楚

14. 您认为公司是否有健全的安全监察考核机制，并严格执行（　　）

A. 健全并严格执行

B. 健全但执行力度不够

C. 有但执行差

D. 根本没有

E. 不清楚

15. 您认为公司是否有规范的安全考核奖惩制度，执行严明、公正（　　）

A. 规范、执行严明

B. 有但执行不力

C. 有但不公平

D. 无安全奖惩制度

E. 不清楚

16. 您认为公司是否界定了可被减免处罚的不安全行为，并执行效果良好（　　）

A. 有并执行效果良好

B. 有，但管理人员执行不力

C. 不完善，需要改进

D. 根本没有

17. 您认为公司是否有健全的报告人保护机制，并运行良好（　　）

A. 有并运行良好　　B. 有，但管理人员实行不力

C. 不完善，需要改进　　D. 根本没有

18. 您认为公司是否有简便的报告信息采集系统，并运行良好（　　）

A. 有并运行良好　　B. 有，但管理人员实行不力

C. 不完善，需要改进　　D. 根本没有

19. 您认为公司是否有健全的报告反馈机制，并运行良好（　　）

A. 有并运行良好　　B. 有，但管理人员实行不力

C. 不完善，需要改进　　D. 根本没有

20. 您认为公司的员工安全教育培训体系是否完善（　　）

A. 按制度正规进行，全员参与，注重效果

B. 有制度，但不严格执行，专门教育少，就事论事多

C. 无制度、无措施，从不正规进行

21. 您认为公司是否从组织影响角度引导员工思考、学习不安全事件和改善安全状况，并执行效果良好（　　）

A. 引导并执行效果良好

B. 引导，但效果不好

C. 根本没有

22. 工作中如有不同意见或想法，是否有畅通的渠道沟通解决（　　）

A. 很畅通　　B. 基本畅通

C. 不太畅通，需要改进　　D. 根本没有办法沟通

23. 公司领导是否经常与下属沟通，并善于采纳不同的意见（　　）

A. 经常沟通　　　　B. 偶尔有沟通

C. 不太沟通　　　　D. 根本没有

24. 员工敬业精神的表现（　　）

A. 员工精神振奋，先进典型不断涌现

B. 总体上精神状态较好

C. 大部分员工追求“过得去”

D. 士气低落或大部分员工工作状态差

25. 员工团队精神和协作能力（　　）

A. 内部凝聚力强，协作能力强

B. 凝聚力较强，协作能力一般

C. 凝聚力较弱，协作能力较差

D. 差

26. 企业组织的安全文化活动的凝聚力效果（　　）

A. 活动正常，员工欢迎度、参与度高

B. 活动较好

C. 有活动，效果一般

D. 活动效果差

27. 公司各种安全标识的使用与识别效果（　　）

A. 使用规范，认知度高　　　　B. 使用比较规范，认知度一般

C. 使用比较规范，认知度较差　　D. 使用不规范，认知度差

28. 您认为您所在的单位工作环境（　　）

A. 好　　　　B. 较好

C. 一般　　　　D. 差

29. 您认为公司现有的工作和作业环境是否满足安全生产需要（　　）

A. 完全满足　　　　B. 基本满足

C. 一般　　　　D. 有欠缺

30. 您认为塑造企业安全文化是否与您有直接关系（　　）

A. 有　　　　B. 没有

C. 不知道　　　　　　　　　　D. 无所谓

31. 您认为公司现有的安全文化对公司发展有多大的促进作用（　　）

A. 有很大作用　　　　　　　　B. 有一定作用

C. 没有　　　　　　　　　　　D. 说不清

32. 您对本单位安全文化 5 个方面的自我评价：

（1）安全已成为公司的价值观（　　）

（2）安全责任在公司得到明确（　　）

（3）安全已与公司所有活动融为一体（　　）

（4）公司的安全领导得到强化（　　）

（5）安全文化已渗透到公司中（　　）

A. 非常符合　　B. 比较符合　　C. 基本符合

D. 比较不符合　E. 非常不符合

33. 您认为本单位现有的安全文化建设哪些方面做得较好，要继续发扬？

34. 您认为本单位现有的安全文化建设哪些方面存在哪些主要问题？对其改革有何具体意见和建议？

二十八、个别员工对安全文化建设认识度不够，如何提升？

（1）除基本培训外，公司还应对个别部门人员进行特殊专项培训、重点帮促、重点监控。

（2）塑造团队精神，培养班组成员的团队合作精神，倡导每个班组自己塑造、总结出具有班组特色的团队精神，可以通过开展班组素质拓展活动、同种岗位团队某项技能合作大比拼等方式，强化塑造班组的团队精神。首先，建议班组要营造一种气氛，形成工作默契，在员工中找到“心有灵犀一点通”的感觉。其次，消除不必要的工作界限，培养员工整体配合的协作精神；在班组团队中订立一些条规，使大家形成一种“分工不分家”“互相支持和努力”的习惯。最后，不能忽视团队中的任何人，避免拉帮结派形成小团体而孤立个别员工。

二十九、日常工作中以什么形式开展安全文化建设更有效?

（1）坚持以人为本，加强宣传教育，努力构建全员安全文化。安全教育培训工作主要有四个方面：一是管理人员的培训，每名管理员在上岗前必须经过安全培训，每年还要对他们集中进行一次安全专题培训；二是新进员工的培训，除了正常的三级培训外，还要增加一个跟踪培训，即由安全专职人员随时对其跟踪抽查，随时跟踪指导；三是定期组织安全员进行业务培训；四是日常其他培训。

坚持“三个一”安全教育，提高全员安全培训效果。为了提高职工的安全意识，采取集中讲课、班组安全活动、典型案例分析、组织安全考试等多种形式分阶段、分层次强化安全知识培训，增强职工的操作技能和安全意识。为了把安全教育引向深入，在全公司范围内推广每周一天的安全日“三个一”教育活动，即每周剖析一起案例、学习一条法规、辨认一个标识，内容生动，贴近实际。有效地提高员工的安全意识和安全技能，使每一位员工都接受安全教育，牢固树立安全第一的意识，逐步形成“人人讲安全，事事讲安全，时时讲安全”的良好氛围。

（2）完善制度，注重落实，切实提高安全工作的执行能力。有了健全的组织机构，还必须有完善的制度进行规范管理，这样才能为安全管理工作打下坚实的基础。规范各岗位安全生产责任制，开展防违章现象、防事故、防隐患、防伤害为主要内容的反“三违”专项整治活动。召开反“三违”专项整治动员大会，成立领导小组，制定行之有效的反“三违”工作方案，并利用多媒体进行事故案例剖析。加大对“三违”行为责任人和责任单位的处罚力度；在思想上，要重新唤起职工的安全意识，全方位出重拳，严厉杜绝习惯性违章现象。通过从一点一滴的“三违”行为抓起，强化规范动作，治理自选动作，有效遏制习惯性“三违”行为。

完善安全作业指导卡和风险识别图，健全风险识别体系。为了有效控制运行风险，完善安全考核细则，修订一岗双责，并精心制作《岗位作业指导卡》和运行风险识别图。识别图中对岗位职责、操作指南、风险应急、削减措施、危险源等逐一进行标注。把作业指导卡和风险识别图下发到每个岗位，要求岗位人员熟悉、掌握、运用，基层管理者随时对岗位作业人员进行提问，公司定期进行考试。

坚持安全员的责任区负责制。明确安全员的责任范围，划分各自的责任区域，每天深入一线，加强调查研究，分析解决安全生产中的突出问题。所有检查发现的隐患实行整改责任人和整改措施到位。

（3）坚持从我做起，严格考核兑现，确保安全措施落实到位。坚持分级负责的原则，对发生的各类事故包括查出的安全隐患开展深入调查，按照逆向流程，从事故现场认真查找事故的直接原因、间接原因和深层次原因，分清责任，总结教训，严肃处理，引以为戒。明确自身的安全责任所在，把责任下放到人、下放到每一个角落，使单位职工的责任和利益挂钩，什么样的位置就应当承担什么样的责任和义务，什么时候该干什么和不该干什么，清清楚楚，也就是严格落实安全生产责任制，将每一个生产步骤的安全目标量化到人，提高职工的安全意识，促使他们主动排查、整改安全隐患，促使执行力的提高。

（4）实施有感领导。

①明确规定。通过宣传手册或其他形式，对有感领导的实施进行描述和说明；在相关的安全制度中明确规定领导应做的工作；在岗位职责中，明确规定领导应带头履行的职责；在岗位和单位的绩效考核指标中，明确规定对有感领导的具体考核要求。

②三种方式。有感领导的实施，可分为领导带头、上级推动下级、下级推动上级三种方式。

领导带头。各级领导要做领头羊，不做赶羊人。要通过行动履行领导承诺，展示榜样作用，实现有感领导。

上级推动下级。上级领导不仅自己要展示有感领导，还要通过自己的言行，推动下级主管在工作和生活中，带头履行安全职责，严格遵守安全规定，为下属员工层层展示有感领导。

下级推动上级。作为下属员工，尤其是副职，要认真思考上级领导如何在工作和生活中展示有感领导，及时提醒并创造条件使上级领导能够更好地展示有感领导。

③其他要求。有感领导的展示要真心实做，不能演戏；有感领导的展示要长期坚持，不能搞运动；有感领导的展示要讲究方法，不能简单粗放。

三十、安全文化只停留在表面，很难真正深入人心，如何解决？

（1）以开展视觉识别系统建设为切入点，对外树立良好的公众形象，对内统一员工规范、专业、高效的行为。视觉识别系统（Ⅵ）在企业界应用已非常成熟。Ⅵ是企业识别系统的视觉符号，它将企业的经营理念、文化精神等通过独特的视觉符号传达给社会大众，是企业树立统一形象、进行文化建设的重要途径和手段。具体到内部安全文化建设领域，借助Ⅵ建设，使内部安全文化更容易为公众所熟知、为员工所接受。Ⅵ，包括基本要素（名称、标志、标准字、标准色等）和应用要素（办公用品、统一服装、招牌、交通工具等）。通过Ⅵ的设计和实施，并辅以适时的公众宣传和Ⅵ手册的发放。

（2）以研究和制定安全文化战略规划为突破口，整合组织的核心价值观等要素。

（3）建立一个覆盖生产运行活动的各个层面，并适时应用、分析和评估的质量管理系统，定期评估安全文化现状，分析原因，采取措施，不断地提升组织的绩效。

（4）创造公正的组织环境。所属环境是否公平影响着员工的组织公民行为表现水平和积极性，因为员工将自己与公司之间的关系看成是一种组织承诺的关系，如果当员工感知到自己会受到公司的公平对待，就会更倾向于展现较高水平的组织公民行为（乐于做好职责之外的事情）。因此，航空企业要尽可能地营造出公平的组织氛围，来提高员工组织公平感，激发和促进其组织公民行为意愿，从而推进员工安全绩效的提升。

（5）增强自主的工作特性。工作自主性需要组织进行充分的授权，允许员工以自己认为最好的方式完成工作。这种信任和独立的空间一方面可以让员工产生一种主人翁意识，使其安全责任感得以增强；另一方面也能让员工自由地行使组织公民行为，尤其是保护公司资源等行为。建立员工授权制度。授权是指组织有一个良好的授权予员工的安全文化，确信员工十分明确自己在改进安全方面所起的关键作用。授权是以员工个人的观念或态度来代表高层管理者的职责和权利。在组织内部，失误可以发生在任何人身上，然而，生产一线员工常常是防止事故发生的最后一道防线。在超出个人职责范围的条件下，为了组织的安全，授权的文化可以增加员工不断改变现状的积极性，员工在安全决策上有充分的发言权，可以发起并实施对安全的改进，为自己和他人的安全，对自己的行为负责，并为组织的安全绩效感到骄傲。

（6）注重员工职业生涯的规划。帮助员工对其职业生涯进行详尽的规划，可以增强员工的组织承诺感。航空企业各部门管理者应该在充分地了解不同员工在不同的职业发展阶段的特点和发展意愿后，来帮助员工进行专门的职业生涯规划，为员工提供适合其发展要求的职业晋升通道。

三十一、外包单位及租户的安全文化如何建设？

（1）开展安全诚信等级化评价。企业诚信等级的评价都建立在对企业诚信行为信息综合评分的基础上。把分数从高到低排序，将一定的分数段作为一个评价等级，分数越高，所属的等级段就越高。

（2）将诚信评价结果与市场准入、监督、资质管理、工资保证金、工程保证担保、招标投标、评优评先等纵向挂钩，还要实现诚信体系与相关管理部门如工商行政管理部门、银行管理部门等的横向联系，并鼓励全员监督检举，及时发现企业失信行为，褒扬诚信合格企业，做到赏罚分明，并加大正面宣传力度，以此来逐步建立诚信奖惩机制。

（3）实行差别化监管。差别化监管按照信用等级评价的结果，不同等级的企业将会受到不一样的管理方法。排名靠前的企业在相关活动中将享有一定的优先权，同理，排名靠后的企业将成为有关部门的重点监管对象。

（4）历年来安全管理到位，现场秩序好的单位作为重点合作待选单位，优先作为报价对象。

（5）实施看牌管理、联合监督、补分管理等，营造竞争和谐的管理氛围。

三十二、针对不同学历的人员如何开展安全文化建设?

（1）制定一套严密科学的管理制度，规范职工的操作行为，立足于提高职工操作的标准化水平，没有标准化，企业管理就没有基础，就没有依据，企业管理就无从谈起。制度设计严谨科学、可操作性强，才能对职工行为产生约束作用。为此，要充分调查研究，细化具体操作环节，不断完善制度，提高其落实的效果。

（2）充分发挥班组长、安全员、老工人的作用，使之成为安全文化的重要承载者、传播者和实践者。

（3）对于安全管理制度执行情况的管理和监控，应当做到奖罚分明。

（4）严格按标准上岗，按标准操作，干标准活，干放心活，从根本上遏制和纠正“三违”的行为，在主观上培养职工强烈的安全意识，在客观环境上减少事故发生的可能性，从而降低事故发生的概率。

三十三、如何提升个体对安全文化的重视与安全文化的自律?

（1）采取分层次的岗位教育。岗位是员工实现自身价值的平台，要对职工进行岗位技能培训，从积极培养岗位意识和先进的岗位理念入手，建设岗位文化，培养岗位操作技能和岗位安全标兵。加强安全教育培训要区分对象，各有侧重。对新工人要进行岗前安全技术培训；对一般工种侧重岗位技能培训；对安全管理人员及关键岗位，侧重于安全专业知识的培训；对安全不放心人员及时开展安全预防性帮教。

（2）采取针对性的班前教育。班前教育是安全思想教育最有效的形式和载体。班前教育的关键在于内容结合实际，形式灵活多样，切忌简单化、程序化。通过班前教育，把安全生产的人本观念与亲情文化渗透到职工思想之中。

（3）加强对职工安全知识的培训。对职工安全知识的培训，是提高职工理性认识必须具备的基本条件，通过安全知识培训，使每一个职工详细了解各种危害、危险的存在条件、各种事故发生的原因、预兆以及杜绝各类事故应该具备哪些预防手段，从而提高对事故的应变能力和防灾抗灾能力。

（4）组织安全知识竞赛、安全月活动、安全演讲赛、事件（工伤）职工讲“三违”等形式多样的活动，使安全文化理念深入人心。

（5）巩固和深化行之有效的宣传形式，并不断拓宽渠道、创新内容。如宣传橱窗在原有标语口号形式的基础上不断向专题、专栏式宣传升级；根据安全工作的中心，每季度组织开展一次较大规模的集中安全教育活动；举办演讲会、故事会、诗歌朗诵会、事故案例现身说法、巡回演讲、安全知识现场有奖问答等活动，使安全宣传经常化、立体化，营造浓厚的安全生产氛围。

（6）使每位职工家庭照都在会议室内展现，家人的叮嘱、安全的寄望都体现得淋漓尽致；开展送温暖、节日送祝福等活动，结合主题形式多样的叮嘱安全、传达安全知识；定期组织女工家属为职工在一线中宣讲安全事故案例。

（7）不断选树安全典型、加强安全目标宣传，要着重把职工的个人愿景与目标和企业的大发展、大愿景结合起来。

（8）成立调研小组，深入一线职工中听取职工对工作环境、工作条件等方面的意见、建议及要求，充分发动职工群众的监督机制，行使职工群众的监督权，使安全生产的方方面面处于职工的民主监督中，促进安全生产的不断完善。

（9）开展安全宣传教育橱窗栏、广播站、标语、安全文化走廊、事故案例教育等多种形式来教育职工，不断提高职工的自保互保意识。

（10）动员全体员工参与编写《习惯性违章手册》等活动。

三十四、安全文化建设的路径是什么？

民航企业在实施安全文化建设过程中，注意把握以下方面：

（1）以人为本。在安全工作中认识最主要也是最活跃的因素，因此，必须加强员工的安全教育培训工作，培养员工的关于安全的心理、生理以及技术素质等安全文化素质，最大限度发挥人员在安全文化中的作用。让安全工作人员真正做到执行和落实各种安全措施工作，建立和完善安全工作的引导和激励机制，在整个安全工作中能够充分地调动工作人员的主动性、积极性以及创造性。

（2）确立安全价值观。培养员工具有团队精神的安全价值观，应当在价值观中体现以预防为主的理念。鼓励和培养员工预防管理的理念，将安全隐患扼杀在摇篮之中。在整个工作过程中也需要加强安全生产的主题意识，将安全文化建设落实到日常的工作细节中。

（3）本质安全建设。所谓本质安全，是指包括人、机、环在内的所有因素的有机统一，使无障碍的设备、无漏洞的管理、无缺陷的系统形成统一整体。为了达到本质安全性企业，就需要加大物质文化建设的资金投入，此外，还应当引进高科技设备、技术以及管理人才，提高软件硬件条件来进一步确保民航企业的航空安全。

（4）安全管理的全过程融入安全文化。安全文化作为企业的管理模式，需要将其融入安全管理的全过程之中。安全文化的核心正是安全管理系统必备的要素，领导声明，体系的总则、企业的方针、目标、执行的程序等体现。奖惩规定、减免原则、差错标准等就是公正文化的体现，安全信息、自愿报告等就是报告文化的体现，培训大纲、教育相关程序就是学习文化的体现，而公司调查报告、管理信息、执行情况等就是知情文化的体现。所以说，安全管理体系是安全文化的具体体现，而安全文化促进安全管理体系的执行，二者是相辅相成的关系。从上到下地脚踏实地地贯彻安全管理体系就是在实践安全文化建设。

在企业安全思想管理中融入安全文化，让安全理念深入人心，将其变为广大人员的内在动力以及外在的行动；在企业安全组织管理中融入安全文化，将安全责任分配到每一个部门、每一个岗位和每一个员工，能够实现安全责任的分配；在安全制度管理之中融入安全文化，这样就能够从制度着手，让员工按照安全制度工作，最终形成一种好的习惯也使这种制度文化能够被传承下来。

（5）创新安全文化建设。安全文化建设是一个传承和创新的过程，在这一个过程中需要不断地对于自身进行经验教训的总结，同时还需要学习和借鉴先进的文化因子。应当结合当前高科技发展的相关信息，自动化、数字化的技术，进行民航企业安全文化建设的不断创新。只有不断创新安全文化建设才能使企业的安全文化建设被不断地继承、创新与转变，才能更好地保障航空安全。

参考文献

[1] 刘德辉 . 民航航空安全之道 . 北京：中国民航出版社，2005.11.

[2] 林明华 . 人文民航——民航行业文化建设的视角与路径 . 北京：文化艺术出版社，2005.6.

[3] 徐柏龄 . 前车之鉴——新中国民航飞行安全回顾与思考 . 北京：中国民航出版社，2002.5.

[4] 罗云 . 现代安全管理 . 北京：化学工业出版社，2010.1.

[5] 徐建新，贾宝惠 . 维修差错管理 . 北京：中国民航出版社，2007.9.

[6] 安全文化网 http：//www.anquan.com.cn/Index.shtml.

图书在版编目（CIP）数据

民航安全管理指南 / 孙佳等编著. —北京：中国工人出版社，2016.9
ISBN 978-7-5008-6556-8

Ⅰ.①民… Ⅱ.①中… Ⅲ.①民航运输—安全管理—指南 Ⅳ.①F560.6-62

中国版本图书馆CIP数据核字（2016）第233409号

民航安全管理指南

出 版 人	芮宗金
责任编辑	安　静
责任校对	赵贵芬
责任印制	栾征宇
出版发行	中国工人出版社
地　　址	北京市东城区鼓楼外大街45号　邮编：100120
网　　址	http://www.wp-china.com
电　　话	（010）62005043（总编室）　（010）62005039（出版物流部） （010）62382916（职工教育分社）
发行热线	（010）62005049　（010）62005042（传真）
经　　销	各地书店
印　　刷	北京市密东印刷有限公司
开　　本	710毫米×1000毫米　1/16
印　　张	15.5
字　　数	260千字
版　　次	2017年6月第1版　2017年6月第1次印刷
定　　价	42.00元